智能制造系列教材

人工智能基础

FUNDAMENTALS
OF ARTIFICIAL INTELLIGENCE

赵海燕　吴潮潮　朱道也　编著

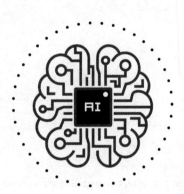

清华大学出版社
北京

图书在版编目（CIP）数据

人工智能基础 / 赵海燕，吴潮潮，朱道也编著.
北京 ：清华大学出版社，2024. 12. --（智能制造
系列教材）. -- ISBN 978-7-302-67635-5

Ⅰ. TP18

中国国家版本馆 CIP 数据核字第 20244A42A1 号

责任编辑：刘　杨　赵从棉
封面设计：李召霞
责任校对：赵丽敏
责任印制：丛怀宇

出版发行：清华大学出版社
　　　网　　址：https://www.tup.com.cn，https://www.wqxuetang.com
　　　地　　址：北京清华大学学研大厦 A 座　　　邮　　编：100084
　　　社　总　机：010-83470000　　　邮　　购：010-62786544
　　　投稿与读者服务：010-62776969，c-service@tup.tsinghua.edu.cn
　　　质量反馈：010-62772015，zhiliang@tup.tsinghua.edu.cn
印　装　者：三河市春园印刷有限公司
经　　销：全国新华书店
开　　本：185mm×260mm　　　印　张：10.75　　　字　　数：261 千字
版　　次：2024 年 12 月第 1 版　　　印　　次：2024 年 12 月第 1 次印刷
定　　价：49.00 元

产品编号：107492-01

智能制造系列教材编审委员会

主任委员

李培根　雒建斌

副主任委员

吴玉厚　吴　波　赵海燕

编审委员会委员（按姓氏首字母排列）

陈雪峰　　邓朝晖　　董大伟　　高　亮

葛文庆　　巩亚东　　胡继云　　黄洪钟

刘德顺　　刘志峰　　罗学科　　史金飞

唐水源　　王成勇　　轩福贞　　尹周平

袁军堂　　张　洁　　张智海　　赵德宏

郑清春　　庄红权

秘书

刘　杨

丛书序1
FOREWORD

多年前人们就感叹,人类已进入互联网时代;近些年人们又惊叹,社会步入物联网时代。牛津大学教授舍恩伯格(Schönberger)心目中大数据时代最大的转变,就是放弃对因果关系的渴求,转而关注相关关系。人工智能则像一个幽灵徘徊在各个领域,兴奋、疑惑、不安等情绪分别蔓延在不同的业界人士中间。今天,5G的出现使得作为整个社会神经系统的互联网和物联网更加敏捷,使得宛如社会血液的数据更富有生命力,自然也使得人工智能未来能在某些局部领域扮演超级脑力的作用。于是,人们惊呼数字经济的来临,憧憬智慧城市、智慧社会的到来,人们还想象着虚拟世界与现实世界、数字世界与物理世界的融合。这真是一个令人咋舌的时代!

但如果真以为未来经济就"数字"了,以为传统工业就"夕阳"了,那可以说我们就真正迷失在"数字"里了。人类的生命及其社会活动更多地依赖物质需求,除非未来人类生命形态真的变成"数字生命"了,不用说维系生命的食物之类的物质,就连"互联""数据""智能"等这些满足人类高级需求的功能也得依赖物理装备。所以,人类最基本的活动便是把物质变成有用的东西——制造!无论是互联网、物联网、大数据、人工智能,还是数字经济、数字社会,都应该落脚在制造上,而且制造是其应用的最大领域。

前些年,我国把智能制造作为制造强国战略的主攻方向,即便从世界上看,也是有先见之明的。在强国战略的推动下,少数推行智能制造的企业取得了明显效益,更多企业对智能制造的需求日盛。在这样的背景下,很多学校成立了智能制造等新专业(其中有教育部的推动作用)。尽管一窝蜂地开办智能制造专业未必是一个好现象,但智能制造的相关教材对高等院校与制造关联的专业(如机械、材料、能源动力、工业工程、计算机、控制、管理……)都是刚性需求,只是侧重点不一。

教育部高等学校机械类专业教学指导委员会(以下简称"机械教指委")不失时机地发起编著这套智能制造系列教材。在机械教指委的推动和清华大学出版社的组织下,系列教材编委会认真思考,在2020年新型冠状病毒感染疫情正盛之时进行视频讨论,其后教材的编写和出版工作有序进行。

编写本系列教材的目的是为智能制造专业以及与制造相关的专业提供有关智能制造的学习教材,当然教材也可以作为企业相关的工程师和管理人员学习和培训之用。系列教材包括主干教材和模块单元教材,可满足智能制造相关专业的基础课和专业课的需求。

主干教材,即《智能制造概论》《智能制造装备基础》《工业互联网基础》《数据技术基础》《制造智能技术基础》,可以使学生或工程师对智能制造有基本的认识。其中,《智能制造概论》教材给读者一个智能制造的概貌,不仅概述智能制造系统的构成,而且还详细介绍智能制造的理念、意识和思维,有利于读者领悟智能制造的真谛。其他几本教材分别论及智能制造系统的"躯干""神经""血液""大脑"。对于智能制造专业的学生而言,应该尽可能必修主干课程。如此配置的主干课程教材应该是本系列教材的特点之一。

本系列教材的特点之二是配合"微课程"设计了模块单元教材。智能制造的知识体系极为庞杂,几乎所有的数字-智能技术和制造领域的新技术都和智能制造有关,不仅涉及人工智能、大数据、物联网、5G、VR/AR、机器人、增材制造(3D打印)等热门技术,而且像区块链、边缘计算、知识工程、数字孪生等前沿技术都有相应的模块单元介绍。本系列教材中的模块单元差不多成了智能制造的知识百科。学校可以基于模块单元教材开出微课程(1学分),供学生选修。

本系列教材的特点之三是模块单元教材可以根据各所学校或专业的需要拼合成不同的课程教材,列举如下。

♯课程例1——"智能产品开发"(3学分),内容选自模块:

➢ 优化设计
➢ 智能工艺设计
➢ 绿色设计
➢ 可重用设计
➢ 多领域物理建模
➢ 知识工程
➢ 群体智能
➢ 工业互联网平台

♯课程例2——"服务制造"(3学分),内容选自模块:

➢ 传感与测量技术
➢ 工业物联网
➢ 移动通信
➢ 大数据基础
➢ 工业互联网平台
➢ 智能运维与健康管理

♯课程例3——"智能车间与工厂"(3学分),内容选自模块:

➢ 智能工艺设计
➢ 智能装配工艺
➢ 传感与测量技术
➢ 智能数控
➢ 工业机器人
➢ 协作机器人
➢ 智能调度
➢ 制造执行系统(MES)
➢ 制造质量控制

总之,模块单元教材可以组成诸多可能的课程教材,还有如"机器人及智能制造应用""大批量定制生产"等。

　　此外,编委会还强调应突出知识的节点及其关联,这也是此系列教材的特点。关联不仅体现在某一课程的知识节点之间,也表现在不同课程的知识节点之间。这对于读者掌握知识要点且从整体联系上把握智能制造无疑是非常重要的。

　　本系列教材的编著者多为中青年教授,教材内容体现了他们对前沿技术的敏感和在一线的研发实践的经验。无论在与部分作者交流讨论的过程中,还是通过对部分文稿的浏览,笔者都感受到他们较好的理论功底和工程能力。感谢他们对这套系列教材的贡献。

　　衷心感谢机械教指委和清华大学出版社对此系列教材编写工作的组织和指导。感谢庄红权先生和张秋玲女士,他们卓越的组织能力、在教材出版方面的经验、对智能制造的敏锐性是这套系列教材得以顺利出版的最重要因素。

　　希望本系列教材在推进智能制造的过程中能够发挥"系列"的作用!

2021 年 1 月

制造业是立国之本,是打造国家竞争能力和竞争优势的主要支撑,历来受到各国政府的高度重视。而新一代人工智能与先进制造深度融合形成的智能制造技术,正在成为新一轮工业革命的核心驱动力。为抢占国际竞争的制高点,在全球产业链和价值链中占据有利位置,世界各国纷纷将智能制造的发展上升为国家战略,全球新一轮工业升级和竞争就此拉开序幕。

近年来,美国、德国、日本等制造强国纷纷提出新的国家制造业发展计划。无论是美国的"工业互联网"、德国的"工业 4.0",还是日本的"智能制造系统",都是根据各自国情为本国工业制定的系统性规划。作为世界制造大国,我国也把智能制造作为推进制造强国战略的主攻方向,并于 2015 年发布了《中国制造 2025》。《中国制造 2025》是我国全面推进建设制造强国的引领性文件,也是我国实施制造强国战略的第一个十年的行动纲领。推进建设制造强国,加快发展先进制造业,促进产业迈向全球价值链中高端,培育若干世界级先进制造业集群,已经成为全国上下的广泛共识。可以预见,随着智能制造在全球范围内的孕育兴起,全球产业分工格局将受到新的洗礼和重塑,中国制造业也将迎来千载难逢的历史性机遇。

无论是开拓智能制造领域的科技创新,还是推动智能制造产业的持续发展,都需要高素质人才作为保障,创新人才是支撑智能制造技术发展的第一资源。高等工程教育如何在这场技术变革乃至工业革命中履行新的使命和担当,为我国制造企业转型升级培养一大批高素质专门人才,是摆在我们面前的一项重大任务和课题。我们高兴地看到,我国智能制造工程人才培养日益受到高度重视,各高校都纷纷把智能制造工程教育作为制造工程乃至机械工程教育创新发展的突破口,全面更新教育教学观念,深化知识体系和教学内容改革,推动教学方法创新,我国智能制造工程教育正在步入一个新的发展时期。

当今世界正处于以数字化、网络化、智能化为主要特征的第四次工业革命的起点,正面临百年未有之大变局。工程教育需要适应科技、产业和社会快速发展的步伐,需要有新的思维、理解和变革。新一代智能技术的发展和全球产业分工合作的新变化,必将影响几乎所有学科领域的研究工作、技术解决方案和模式创新。人工智能与学科专业的深度融合、跨学科网络以及合作模式的扁平化,甚至可能会消除某些工程领域学科专业的划分。科学、技术、经济和社会文化的深度交融,使人们可以充分使用便捷的软件、工具、设备和系统,彻底改变或颠覆设计、制造、销售、服务和消费方式。因此,工程教育特别是机械工程教育应当更加具有前瞻性、创新性、开放性和多样性,应当更加注重与世界、社会和产业的联系,为服务我国新的"两步走"宏伟愿景做出更大贡献,为实现联合国可持续发展目标发挥关键性引领作用。

需要指出的是,关于智能制造工程人才培养模式和知识体系,社会和学界存在多种看法,许多高校都在进行积极探索,最终的共识将会在改革实践中逐步形成。我们认为,智能制造的主体是制造,赋能是靠智能,要借助数字化、网络化和智能化的力量,通过制造这一载体把物质转化成具有特定形态的产品(或服务),关键在于智能技术与制造技术的深度融合。正如李培根院士在丛书序1中所强调的,对于智能制造而言,"无论是互联网、物联网、大数据、人工智能,还是数字经济、数字社会,都应该落脚在制造上"。

经过前期大量的准备工作,经李培根院士倡议,教育部高等学校机械类专业教学指导委员会(以下简称"机械教指委")课程建设与师资培训工作组联合清华大学出版社,策划和组织了这套面向智能制造工程教育及其他相关领域人才培养的本科教材。由李培根院士和雒建斌院士、部分机械教指委委员及主干教材主编,组成了智能制造系列教材编审委员会,协同推进系列教材的编写。

考虑到智能制造技术的特点、学科专业特色以及不同类别高校的培养需求,本套教材开创性地构建了一个"柔性"培养框架:在顶层架构上,采用"主干教材+模块单元教材"的方式,既强调了智能制造工程人才必须掌握的核心内容(以主干教材的形式呈现),又给不同高校最大程度的灵活选用空间(不同模块教材可以组合);在内容安排上,注重培养学生有关智能制造的理念、能力和思维方式,不局限于技术细节的讲述和理论知识的推导;在出版形式上,采用"纸质内容+数字内容"的方式,"数字内容"通过纸质图书中列出的二维码予以链接,扩充和强化纸质图书中的内容,给读者提供更多的知识和选择。同时,在机械教指委课程建设与师资培训工作组的指导下,本系列书编审委员会具体实施了新工科研究与实践项目,梳理了智能制造方向的知识体系和课程设计,作为规划设计整套系列教材的基础。

本系列教材凝聚了李培根院士、雒建斌院士以及所有作者的心血和智慧,是我国智能制造工程本科教育知识体系的一次系统梳理和全面总结,我谨代表机械教指委向他们致以崇高的敬意!

赵维

2021 年 3 月

前言

PREFACE

人工智能(artificial intelligence，AI)的发展如此迅速，必将深刻改变人类社会的方方面面。新一代人工智能与先进制造深度融合形成的智能制造技术，正在成为新一轮工业革命的核心驱动力，并推动世界各国将智能制造的发展上升为国家战略。因此，学习和掌握人工智能领域的一些基本理论与方法，对于智能制造相关专业学生与科技工作者的综合发展是十分有益的。然而，人工智能是一个大领域，全方位地探索这一领域也许较为困难且缺乏一定针对性。

基于此，本书旨在为人工智能学科基础知识和智能制造学科应用需求之间构建桥梁，力求既保证知识体系上符合人工智能领域的科学性，又在具体知识点的展开上具有智能制造领域思维特点和应用目标导向。本书首先介绍人工智能的基本定义、发展历史、主要应用等方面，然后从人工智能所需的数学基础、群智能算法讲起，随后着重介绍目前人工智能的研究主流——机器学习和深度学习，最后介绍目前发展最为迅猛的人工智能大模型。

作为"智能制造系列教材"之一，本书面向对人工智能的基本理论和概念缺乏深入了解的学生和工程技术人员，方便他们快速学习人工智能相关知识并应用到智能制造等学科的科研和工程中。在各部分知识点的介绍中，我们适当以智能制造相关内容为切入点，旨在为智能制造相关专业的学生、老师和从业者提供参考。

本书的内容由浅入深，理论与实际相结合，构建了基础理论与典型应用的完善体系，共分为9章。第1章给出人工智能的基本定义、发展历程及主要应用；第2章概述人工智能的数学基础；第3章讨论群智能算法；第4章介绍机器学习；第5章描述人工神经网络；第6章探讨卷积神经网络；第7章讨论循环神经网络；第8章简述生成对抗网络；第9章介绍人工智能大模型。

本书的编写凝聚了三位主编多年的教学和研究经验，并参考了大量文献。赵海燕教授构思全书的结构，并指导、统筹全书的编写工作，吴潮潮副教授编写第1~5章，朱道也副教授编写第6~9章。此外，博士研究生金炜烨、周峰，硕士研究生张淼、叶文超等也参与了部分书稿整理工作，在此一并对他们表示感谢。同时，感谢清华大学出版社刘杨、赵从棉编辑为本书出版所付出的努力。

限于作者水平，书中难免会有疏漏或不足之处，敬请广大读者和专家批评指正。

编　者

2024 年 7 月

目 录
CONTENTS

第1章

绪论

在历史的发展过程中,科学研究的范式也发生着变革。四个经典的范式中,实验范式通过实验来观察和验证自然现象,理论范式通过模型或归纳进行研究,计算范式借助计算机仿真模拟解决科学问题,数据范式依赖大数据分析研究事物内在关系规律。近年来,随着大数据和人工智能技术的发展,人们追求将科学大数据的挖掘和更加智能化的推理计算结合,形成科学研究的第五范式。第五范式通常被认为是基于人工智能的科学研究范式,即 AI for Science。

在此背景下,人工智能技术必将深刻改变我们学习和生活的诸多方面。以制造业为例,新一代人工智能与先进制造深度融合形成的智能制造技术,正在成为新一轮工业革命的核心驱动力,并推动世界各国将智能制造的发展上升为国家战略。

因此,学习人工智能的基础理论和基本方法,逐渐成为对智能制造相关专业学生和科技工作者的新要求。作为本书的开始,本章将从宏观角度介绍人工智能,包括人工智能的基本定义、发展历程和主要应用等。

1.1 人工智能的基本定义

1.1.1 人工智能的概念与特征

智能一般为智力和能力的总称。具体地说,智能(intelligence)包括多种含义:抽象能力、逻辑能力、理解能力、自我意识、学习能力、情感知识、推理能力、计划能力、创造力、批判性思维能力和解决问题的能力等。总体来说,智能是感知或推断信息,并将其作为知识保留下来,应用于环境中的适应性行为,在人类或动植物中都能观察到这种现象。

一般认为,人工智能(artificial intelligence,AI)的概念源于 1956 年的达特茅斯会议。在这个为期两个月的夏季研讨会中,John McCarthy、Marvin Minsky、Claude Shannon、Allen Newell、Herbert Simon 等 10 位科学家讨论了如何用机器来模仿人类学习以及其他方面的智能。达特茅斯会议的提案中假设,学习的每一个方面或智能的任何其他特征原则上都可以被精确地描述,因此可以制造一台机器来模拟它,而研究的重点是找到如何让机器使用语言、形成抽象和概念,解决目前只有人类才能解决的各种问题,并提高自己。

自人工智能提出后,它的定义并未完全统一,可以从不同角度给出不同的理解与解释。

但总体来说,人工智能是指用人造的机器(计算机)模拟和扩展人类或生物智能。

智能的特征主要包括四个要素和四种能力,四个要素包括信息、知识、策略和行为,对应的四种能力包括获取有用信息的能力、由信息学习知识的能力、由知识和目的生成策略的能力以及实施策略取得效果的能力,这便是"智能"概念的四位一体。需要强调的是,获取信息和学习知识的主要目的都是生成有效的策略,而一旦策略确定,则后续的实施相对简单明了。因此,策略被认为是智能的核心要素,因为它直接影响到智能行为的有效性和目标达成的可能性。

1.1.2　人工智能的学科体系

人工智能是在多学科的基础上发展起来的综合性很强的交叉学科,也是正在迅速发展的前沿学科。自 1956 年正式提出人工智能这个术语并把它作为一门新兴学科的名称以来,人工智能获得了迅速的发展,还发展出若干下属或交叉学科,并取得了惊人的成就。因此,当我们讨论人工智能的学科体系时,可以从其发展依赖的学科,以及其衍生出来的学科两个方面进行。

1. 人工智能的学科基础

从人工智能的定义中可以看出,它的研究是以许多学科为基础的,这些学科为人工智能提供思想、观点和技术。主要包括:与"智能"有关的,如脑科学、生命科学、仿生学等;与"模拟和扩展"有关的,如数学、统计学、形式逻辑、数理逻辑学、心理学、哲学、自动控制论等;与"机器(计算机)"有关的,如计算机技术、机器人工程、互联网技术、软件工程、数据科学及算法理论等。

2. 人工智能的衍生学科体系

综合而言,人工智能的学科体系大体包括基础理论、核心领域、应用领域、伦理与法律、前沿研究五个方面,如图 1-1 所示。

图 1-1　人工智能的学科体系

基础理论主要包含人工智能的数学和计算机科学基础理论等,是人工智能的理论基础和技术基石;新一代人工智能的核心领域主要是机器学习(machine learning,ML)及其重要分支深度学习(deep learning,DL),随着计算机硬件性能的不断提升和深度学习算法的快速优化,还发展出人工智能大模型;应用领域主要包括自然语言处理、图像处理、智能机器人、智能推荐系统、医疗人工智能等方面;伦理与法律也随着人工智能的快速发展受到广泛关注,包括对人工智能算法的公平性要求和透明性要求、用户数据隐私保护、技术的合法合规性、潜在风险的规避等;前沿研究包括类脑智能、通用人工智能(artificial general intelligence,AGI)、量子计算与人工智能等。

需要注意,人工智能是一个快速发展的领域,其学科体系不断扩展和深化。随着技术的进步和应用的广泛,人工智能的研究方向也在不断地演变和创新。

1.2　人工智能发展历程简介

1.2.1　人工智能的主要发展阶段

人工智能始于 20 世纪 50 年代，至今大致经历"三起两落"，如图 1-2 所示，可分为三个阶段。下面我们将通过部分代表性事件简述人工智能的发展历程。

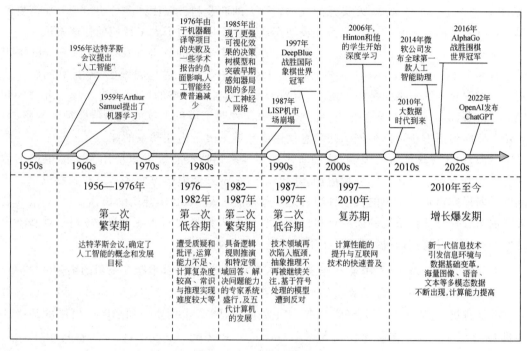

图 1-2　人工智能的发展历程

1. 第一阶段（20 世纪 50—80 年代），人工智能经历了第一次起落

1950 年，英国数学家 Alan Turing 发表了论文 *Computing Machinery and Intelligence*，为后来的人工智能科学提供了开创性的构思。1956 年 8 月，达特茅斯会议召开，首次提出人工智能的概念，因此，1956 年也被称为人工智能元年。随着机器证明和知识表示快速发展，人工智能迎来第一次繁荣。这一阶段，人工神经网络也迎来了重要发展，计算机学家 Frank Rosenblatt 提出的感知机（perceptron）被认为是第一个真正优秀的人工神经网络。1959年，Arthur Samuel 提出了机器学习，展示了开发的跳棋程序如何通过自我学习和改进变得越来越强。

然而，随着计算任务的复杂性不断加大，受限于计算能力的不足和大数据的缺乏，人工智能发展一度遇到瓶颈。1969 年，Marvin Minsky 和 Seymour Papert 在合著的 *Perceptron* 一书中对神经元和神经网络的能力提出批判，此后十年人工神经网络领域的研究大幅减少。1973 年，数学家 James Lighthill 向英国政府提交了一份关于人工智能的研究报告，对当时的人工智能研究提出了严重的质疑，并认为基于计算机程序的通用智能是海市蜃楼。由此，科学界对人工智能领域的基础理论探索及其实际应用价值展开了深刻的审视,并激发了广泛的质疑,严重影响了人工智能相关研究的资助情况,使得人工智能在 20 世纪 70 年代步入了首个发展低谷期。

2. 第二阶段(20 世纪 80—90 年代末),人工智能经历了第二次起落

推动人工智能第二次繁荣的因素有专家系统的应用和神经网络的复兴。1980 年,卡内基梅隆大学为美国数字设备公司 DEC 建立了 XCON,这是一个进行计算机系统配置的专家系统,可以按照需求自动为 VAX 系列计算机配置系统。据估计,到 1986 年,XCON 系统为 DEC 公司节省了约 4000 万美元的成本。巨大的商业利益促使许多公司纷纷开始开发和部署各自领域的专家系统。专家系统成功实现商业应用推动了人工智能的快速发展。

Hopfield
和 Hinton
研究解读

神经网络也在这一时期复兴。1982 年,加州理工学院的物理学家 John Hopfield 提出后来被称为 Hopfield Network 的神经网络,成功应用于组合优化问题(如旅行商问题),展示了其在解决实际复杂问题中的潜力,重新激发了对神经网络的广泛研究。1986 年,David Rumelhart、Geoffrey Hinton 和 Ronald Williams 发明了可以训练的反向传播神经网络,并展示了反向传播方法可以根据输入信息使用隐藏层来表示内在联系的能力。

然而,由于计算能力的限制,这一阶段神经网络仍然没有被大量应用到实际生产生活中。而随着专家系统在不同领域应用,其知识获取、推理能力等方面的不足和开发成本高等问题不断暴露出来。其中的代表性事件之一就是日本从 1982 年开始的长达十年、耗资 5 亿美元的第五代计算机系统的研究项目以失败告终。人们再次对人工智能,特别是对基于规则的编程这一发展方向进行质疑,人工智能进入第二次低谷。

3. 第三阶段(20 世纪 90 年代末至今),人工智能迅速发展,不断迎来新的突破

随着大数据的积聚、理论算法的革新、计算能力的提升,人工智能在很多应用领域取得了突破性进展,迎来了又一个繁荣时期。1997 年,国际商业机器公司(IBM)研制的超级计算机 DeepBlue 战胜了国际象棋世界冠军 Garry Kasparov。2006 年,Geoffrey Hinton 团队接连发表了两篇影响深远的论文,其中,关于深度置信网络的工作被广泛认为是深度学习领域的重要里程碑,使得深度学习成为机器学习和人工智能研究中的主流方法;而另一项工作则提出了一种使用深度神经网络进行降维的方法,展示了深度神经网络在处理高维数据时的强大性能,激发了大量后续研究,探索和扩展了深度学习在不同任务中的应用。同年,美国斯坦福大学李飞飞教授开始领导构建大型图像数据集 ImageNet。事实证明,大规模、高质量数据对于推动机器学习和计算机视觉领域发展至关重要,ImageNet 这项工作卓越的前瞻性、基础性得到了人工智能领域的一致肯定,图像识别大赛由此拉开帷幕,极大地推动了深度学习特别是卷积神经网络的发展。

2010 年至今,人工智能迎来增长爆发期。随着计算能力的进步和大数据时代的到来,以神经网络为代表的人工智能技术得以飞速发展。2016 年,谷歌(Google)旗下 DeepMind 公司开发的 AlphaGo 以 4∶1 的成绩战胜围棋世界冠军李世石,一年后又以 3∶0 的成绩战胜当时世界围棋排名第一的柯洁。AlphaGo 的胜利不仅仅是围棋界的重大事件,也在科技界产生了更广泛、更深远的影响,推动全球大力发展深度学习和人工智能。2022 年 11 月,OpenAI 推出 ChatGPT,大语言模型迅速引起了广泛关注。ChatGPT 在日常对话、撰写文章、回答问题等多种任务中都表现出色,并且所有这些任务都由一个模型完成,与针对特定任务进行训练的监督学习算法相比,ChatGPT 在各个任务上的表现甚至更为优异,这对人工智能领域产生了深远的影响。

值得一提的是,在新一代人工智能蓬勃发展的今天,我国科学家在其中扮演着越来越重要的角色。例如,2024 年人工智能指数报告中显示,2023 年,15 个著名的人工智能模型源自中国,数量位居全球第二位;2022 年,世界上大多数(61％)人工智能专利都来自中国。2023 年全球最具影响力人工智能学者榜单中,华人学者上榜共计 598 人次,占比 29.9％。我国清华大学、浙江大学和中国科学院跻身全球 TOP 20 机构榜单。中国在经典人工智能和多媒体两个子领域的入榜学者数量全球领先,在芯片技术、物联网、信息检索与推荐、数据挖掘、计算机视觉、可视化、自然语言处理、数据库、计算机网络这 9 个子领域的入榜学者数量均位居全球第二位。

AI 指数报告

AI 学者分布

1.2.2　人工智能的三大学派

在人工智能发展的过程中,为了使机器实现人的智能,许多专家学者尝试了不同路径,开展了大量工作。这些不同路径受到对于"智能"本质的认知的影响。对于智能本质有三种典型的认识。其中,知识阈值理论认为智能行为取决于知识的数量及其一般化的程度,一个系统之所以有智能是因为它具有可运用的知识;思维理论认为智能的核心是思维,人的一切智能都来自大脑的思维活动,人类的一切知识都是人类思维的产物,由此发展了受人脑神经网络启发的人工神经网络;进化理论认为智能是某种复杂系统所浮现的性质,是由许多部件交互作用产生的,智能仅仅由系统总的行为以及行为与环境的联系所决定,可以用控制取代表示,即无表示的智能。

这三种理论大体上体现了人们对智能本质的不同认识,从而决定了实现智能的主要途径,由此发展出人工智能的三大学派:专注于实现智能对于知识的表示与推理特征的人工智能流派,称为符号主义,其典型的研究代表是形式逻辑推理;专注于实现智能所基于的人脑生物特征的人工智能流派,称为连接主义,其典型的研究代表是人工神经网络;专注于实现智能对于行为与环境的联系特征的人工智能流派,称为行为主义,其典型的研究代表是智能体。

1. 符号主义

符号主义(symbolicism)是人工智能的先驱学派,它认为人工智能源于数理逻辑。数理逻辑从 19 世纪末起就获得迅速发展,到 20 世纪 30 年代开始用于描述智能行为。计算机出现后,数学逻辑又在计算机上搭建了逻辑演绎系统。符号主义学派认为人类认知和思维的基本单元是符号,而认知过程就是在符号表示上的一种运算。因此,符号主义致力于用某种符号来描述人类的认知过程,并把这种符号输入到能处理符号的计算机中,从而模拟人类的认知过程,实现人工智能。符号主义的典型代表是知识工程和专家系统。

然而,实现符号主义面临严峻的现实挑战,包括概念的组合爆炸、命题的组合悖论、知识难以获取等问题,这成为符号主义发展的瓶颈。此外,符号主义对智能本质的趋近也受到一定质疑,如"中文屋"思想实验:一个不懂中文的人在一个封闭房间内,依据一本规则书将输入的中文字符转换为输出字符,这样即使外界认为他很熟悉中文,实际上他只是在机械地执行规则,而并不理解语言的含义。中文屋实验强调智能不仅仅是符号操作,还涉及对符号所代表意义的真正理解。

值得讨论的是,尽管近年来以深度学习为主的新一代人工智能技术取得了显著进展,但以专家系统为代表的符号主义仍然在多个领域发挥着作用,并未被完全取代。特别地,专家系统利用规则和知识库来给出结论,适用于问题范围明确且规则清晰的情况。例如在医疗、法律、军事等领域,专家系统仍然具有重要价值。在这些领域中,专家系统能够提供准确、可靠的决策支持。此外,专家系统也可以和深度学习等新技术相互结合,形成人机协作的模式,从而提高决策的准确性和可解释性。随着技术的不断进步和应用场景的不断拓展,专家系统也在不断进化和发展。未来的专家系统可能会结合更多的新技术,以适应新的技术趋势和应用需求,提供更强大的决策支持。

2. 连接主义

连接主义(connectionism)主要关注大脑神经元及其连接机制,试图发现大脑的结构及其处理信息的机制、揭示人类智能的本质机理,进而在机器上实现相应的模拟。因此,连接主义认为研究人工智能的最佳方法是模仿神经网络的原理构造一个模型,称为人工神经网络模型,以此模型为基础开展对人工智能的研究。连接主义是目前最为大众所知的一条实现路线。实际上,21世纪以来,人工智能的主要成果很多都发生在深度学习领域。在机器翻译上,深度学习技术已经取得显著进步并在某些方面超越了人工翻译。在语音识别和图像识别上,深度学习也已经达到了实用水准。客观地说,深度学习的研究成就已经取得了工业级的进展。

新一代人工智能似乎已经成为深度学习的天下,以GPT系列为代表的大语言模型更是获得了前所未有的关注,但关于连接主义是否就可以实现人类智能,仍然存在广泛的讨论和质疑。例如,2018年图灵奖获得者、纽约大学教授Yann LeCun认为,就底层技术而言ChatGPT并没有什么特别的创新,并非革命性的东西,并坚持自己对自回归模型的规划、推理能力的质疑。更重要的是,即使要实现完全的连接主义也面临极大的挑战。到目前为止,人们并不清楚人脑表示概念的机制,也不清楚人脑中概念的具体表示形式、表示方式和组合方式等。需要说明的是,人工神经网络远非生物神经网络的真实再现,而是对其特性的简化与模拟。要进一步揭示人脑的奥秘,不仅需要多学科的交叉研究和各领域专家的协作,还依赖于测试技术的进一步突破。

3. 行为主义

行为主义(actionism)的主要思想是从人脑智能活动所产生的外部表现行为角度研究探索人类智能活动规律。这是一种以控制论的思想为基础的学派,代表性理论是以智能体(agent)为代表的"智能代理"方法。所谓智能体,是指驻留在某一环境下能够自主、灵活地执行动作,以满足设计目标的行为实体。任何通过传感器感知环境并通过执行器作用于该环境的事物都可以被视为智能体。一个人类智能体以眼睛、耳朵和其他器官作为传感器,以手、腿、声道等作为执行器。机器人智能体可能以摄像头和红外测距仪作为传感器,以各种电动机作为执行器。软件智能体以接收的文件内容、网络数据包和人工输入(键盘、鼠标、触摸屏、语音等)作为传感输入,并通过写入文件、发送网络数据包、显示信息或生成声音对环境进行操作。

行为主义假设智能取决于感知和行动,可不需要知识、表示和推理,只需要将智能行为表现出来即可。行为主义对智能本质的逼近也受到质疑,如"完美伪装者和斯巴达人"思想实验:完美伪装者可以根据外在的需求进行完美的表演,无论外表哭或笑其内心可能始终冷静如常;斯巴达人则相反,无论其内心激动或平静,外在总是面不改色。他们的外在表现都与内心没有联系,这样的智能似乎就难以用行为主义的方法去模拟。

对于行为主义路线,其面临的最大实现困难可以用莫拉维克悖论来说明。所谓莫拉维克悖论,是指人工智能在处理复杂认知任务时(如下棋)相对容易,而模仿人类进化优化的基本感知和运动技能(如行走)却极为困难,后者往往依赖一些只可意会不可言传的直觉或经验。目前,模拟人类的行动技能仍然面临很大挑战。在近期人工智能发展新的高潮中,机器人与机器学习、知识推理相结合所组成的系统成为人工智能新的标志。

1.2.3 人工智能发展战略规划

近年来,人工智能蓬勃发展,世界各国高度重视、大力发展人工智能技术。本节简要介绍国内外相关发展战略规划。

1. 我国人工智能发展战略规划

2017 年以来,我国人工智能发展进入快速推进阶段。国务院先后印发《新一代人工智能发展规划》和《关于促进人工智能和实体经济深度融合的指导意见》等文件,明确支持和规范人工智能的发展,推进人工智能和实体经济深度融合,将人工智能的发展上升为国家战略。为推动人工智能技术的研究与应用,工业和信息化部制定了《促进新一代人工智能产业发展三年行动计划(2018—2020 年)》,提出一系列扶持措施,包括设立人工智能研究院、加强基础与应用研究、加快人才培养等。这些政策的出台极大激励了创业公司的涌现,并推动人工智能产业链逐步完善与升级。

在人工智能高层次人才培养方面,教育部 2018 年印发《高等学校人工智能创新行动计划》,引导高等学校瞄准世界科技前沿,不断提高人工智能领域科技创新、人才培养和国际合作交流等能力,为我国新一代人工智能发展提供战略支撑;教育部、国家发展改革委、财政部于 2020 年联合印发《关于"双一流"建设高校促进学科融合加快人工智能领域研究生培养的若干意见》,为深入开展高水平人工智能理论研究及成果转化提供了有力保障。

与此同时,我国也十分关注人工智能领域的法律、伦理、社会问题,积极推动人工智能治理相关工作。2019 年,国家新一代人工智能治理专业委员会正式成立,并发布了《新一代人工智能治理原则——发展负责任的人工智能》,旨在更好协调人工智能发展与治理的关系,确保人工智能安全可控可靠,推动经济、社会及生态可持续发展,共建人类命运共同体。

2021 年,"十四五"规划将科技自立自强作为国家发展的战略支撑,并将人工智能列为重点发展产业之一。2022 年,科技部等六部门印发《关于加快场景创新以人工智能高水平应用促进经济高质量发展的指导意见》,并充分发挥人工智能赋能经济社会发展的作用,围绕构建全链条、全过程的人工智能行业应用生态,启动支持建设新一代人工智能在制造业、农业、交通、医疗等领域的示范应用场景工作。2023 年,科技部会同自然科学基金委启动"人工智能驱动的科学研究"专项部署工作,以促进人工智能与科学研究深度融合、推动资源开放汇聚、提升相关创新能力。2024 年,政府工作报告中也明确提出要"深化大数据、人工智能等研发应用,开展'人工智能＋'行动,打造具有国际竞争力的数字产业集群"。

2. 国外人工智能发展战略规划

近年来,美国、欧盟、英国、俄罗斯、日本、韩国、加拿大等主要国家和经济体相继发布人工智能研发战略,结合本国国情或地区情况谋划人工智能未来发展路线,对人工智能的未来发展方向及优先领域进行系统布局。中国科学院自然科学史研究所基于人工智能技术和社会双重属性,从技术导向优先、伦理导向优先、创新的前瞻性、研究的基础性、产业的选择性、社会黏合度 6 个维度分析主要国家的人工智能发展战略,探索凝练出典型的规划模式,即美国的"全面技术引领型"模式、欧盟的"伦理深度介入型"模式、英国的"伦理约束下的双驱动力"模式、日本的"智能社会导向型"模式、韩国的"产业结合与领域选择型"模式、俄罗斯的"基础研发夯实型"模式和加拿大的"前沿理论创新型"模式。表 1-1 给出了国外人工智能发展战略规划的简要总结。

表 1-1　国外人工智能发展战略规划

国家和经济体	人工智能战略规划的主要特点	代表性政策文件和事件等
美国	追求全面技术引领,秉承战略性和前瞻性,围绕人工智能产业创新系统的构建进行布局	美国白宫 2016 年、2019 年、2023 年发布三版《国家人工智能研究和发展战略计划》; 2021 年 1 月正式颁布《2020 年国家人工智能倡议法案》; 2021 年 1 月宣布成立国家人工智能计划办公室; 2023 年 10 月,美国总统拜登签署颁布《关于安全、可靠和可信地开发和使用人工智能的行政令》
欧盟	将重点放在分析人工智能的伦理和社会责任边界,以此为基础来引导人工智能技术的未来发展	2019 年 4 月,欧盟人工智能高级别专家组发布《人工智能伦理指南》; 2020 年 2 月发布《人工智能白皮书:通往卓越与信任的欧洲之路》; 2024 年 5 月,欧洲议会通过《人工智能法案》
英国	强调在数据和人工智能的合乎伦理的发展与使用两个方面引领世界	2017 年 4 月,英国皇家学会发布《机器学习:计算机通过实例学习的能力和前景》; 2018 年 4 月,英国上议院发布报告《英国人工智能发展的计划、能力与志向》; 2021 年 1 月发布《人工智能路线图》
俄罗斯	注重利用国家力量,通过自上而下的方式来推动人工智能研发体系改革,培育本国人工智能产业生态	2019 年 10 月发布《俄罗斯 2030 年前国家人工智能发展战略》; 2022 年 9 月启动国家人工智能发展中心; 2024 年 2 月,俄罗斯总统普京签署批准新版《国家人工智能发展战略》,重点任务之一是加强大模型研究
日本	在智能社会的顶层愿景下进行谋篇布局,探索构建一个面向未来的、基于先进人工智能系统的"超智能社会"	2016 年 4 月,安倍晋三提出设立"人工智能技术战略委员会"; 2017 年 3 月、2019 年 6 月、2021 年 6 月制定 3 次《AI战略》; 2019 年实施"社会 5.0"计划; 2023 年 5 月,日本内阁府设置强化推进 AI 创新政策的战略决策机构"人工智能战略委员会"

续表

国家和经济体	人工智能战略规划的主要特点	代表性政策文件和事件等
韩国	强调将人工智能的未来规划与本国优势产业结合起来,大力发展人工智能半导体产业	2016 年发布《为智能信息社会做准备的中长期总体规划:为第四次工业革命做准备》报告; 2019 年 12 月发布《人工智能国家战略》,提出"从 IT 强国向 AI 强国发展"愿景; 2020 年 10 月发布《人工智能半导体产业发展战略》
加拿大	注重结合其在深度学习方面的知识储备基础,推动人工智能基础理论创新,力图成为世界人工智能基础创新和人才培养基地	2017 年 3 月颁布《泛加拿大人工智能战略》,重点在于培育人工智能方面的人才,成立三个卓越人工智能研究中心; 2022 年 6 月,加拿大启动《泛加拿大人工智能战略》第二阶段计划; 2024 年 4 月,加拿大政府宣布 24 亿加元(约合 127 亿元人民币)的一揽子人工智能投资措施

1.3　人工智能的主要应用方向

随着计算能力的提升和大数据的广泛应用,人工智能的研究和应用正以惊人的速度发展。人工智能技术逐渐渗透到社会生产生活的方方面面,推动了各行各业的变革和创新。随着技术的进一步成熟,人工智能在未来的应用前景将更加广泛和深远,成为推动社会进步和经济发展的重要力量。

1. 智能制造

人工智能在智能制造中得到了广泛应用,覆盖了生产制造的各个方面。人工智能技术通过对大量数据的分析和处理,实现了生产过程的智能化和自动化,涵盖设计、制造、控制、运维、检测、生产调度等多个环节,推动制造业向更高效、更灵活、更精准的方向发展。例如:群智能算法在生产调度中展现了巨大的应用潜力,能够根据实时数据动态调整生产计划,优化资源配置,提升整体生产效率;机器学习技术在智能制造中广泛应用于实时监控、生产工艺参数优化、市场需求预测、生产计划和库存优化等方面,有效提升了生产的灵活性和响应速度;深度学习作为人工智能的前沿技术,在智能制造中的应用包括缺陷检测、设备控制和生产工艺流程优化,通过对生产数据的深入分析和对设备控制系统的智能化操作,可大大提升制造过程的自动化和智能化程度及产品质量。

智能制造在汽车制造、电子产品制造等多个行业已经取得了显著进展,人工智能技术的应用显著提升了生产效率、产品质量和市场竞争力。然而,智能制造的发展仍然面临制造过程的复杂性、数据安全、人工智能技术的稳定性和高成本等挑战。未来,智能制造将朝着更加智能化、网络化、个性化方向发展,人工智能将继续在个性化制造、自主决策、全生命周期管理等方面发挥关键作用,助力制造业更高水平的数字化转型,实现工业智能化。

2. 智能机器人

智能机器人通过结合人工智能,实现自主决策、适应环境变化和高效完成复杂任务的目的,其研究领域主要包括运动规划、环境感知、机器学习与推理、自然语言处理和人机交互等,这些技术使机器人能够自主导航、精准感知周围环境、学习并适应新的任务场景,以及与人类进行自然、有效的互动。智能机器人在制造业、医疗护理、服务行业、农业、物流和家庭等多个领域展现出广泛的应用前景,推动着社会生产力的升级。然而,当前智能机器人仍面临诸如感知精度不足、自主学习能力有限、与人类互动的自然性和安全性等挑战。未来的研究和应用方向将侧重于提升机器人在复杂动态环境中的自主适应能力、跨领域的知识迁移与学习能力,以及更加自然流畅的人机协作,最终实现更智能、更安全、更具普遍适用性的机器人系统。

3. 智能医疗

智能医疗通过结合人工智能技术,旨在提高医疗服务的效率、精准性和可及性。在医学影像分析中,深度学习算法被广泛应用于对病灶的自动识别和分类,显著提升了诊断的准确性和效率;个性化医疗利用机器学习和大数据分析,为患者制定个性化的治疗方案,优化治疗效果;健康监测与疾病预测则通过人工智能驱动的传感器网络和预测模型,实时跟踪患者的健康状况并对潜在风险进行预警。智能医疗的应用前景广阔,有望在提升医疗质量、降低成本和普及医疗服务方面发挥重要作用。然而,当前智能医疗仍需在数据隐私保护、算法透明性、跨领域协作和临床验证等方面进行提升。未来的研究和应用将聚焦于提高人工智能技术在实际医疗场景中的可靠性和可解释性、扩展多模态数据的综合利用,以及推动更具普适性的智能健康解决方案。

4. 智能交通

智能交通通过融合人工智能技术,旨在实现交通系统的智能化管理、提高道路安全性、优化交通流量,并减少拥堵和污染。在交通流量管理中,人工智能算法通过对实时数据的分析,优化交通信号控制和车辆调度,提高道路通行效率;自动驾驶利用深度学习、计算机视觉和传感器融合技术,使车辆能够自主感知环境、规划路径并安全行驶;车联网通过将车辆与周围环境、其他车辆及交通基础设施连接,实现信息的实时共享和协同,提高交通系统的整体智能化水平。智能交通的应用前景广阔,有望大幅提升城市交通的效率和安全性。然而,目前智能交通仍需在数据安全、标准化、跨系统协同以及技术的普及应用等方面进一步提升。未来的研究和应用将聚焦于强化车路协同技术、提升自动驾驶系统的可靠性以及推进智能交通系统的全局优化和多模态协作。

5. 智能教育

智能教育通过融合人工智能技术,旨在实现个性化学习、提升教育质量以及优化教学资源的分配。在计算机辅助教学(computer aided instruction,CAI)中,人工智能技术通过数据分析和内容推荐,帮助学生获得适合其学习水平的资源;智能计算机辅助教学(intelligent CAI,ICAI)利用自然语言处理和机器学习,实现智能导师系统,为学生提供个性化的学习路径和实时反馈;教育数据分析则通过大数据和人工智能技术,分析学生的学习行为和进度,为教师提供有效的教学建议。智能教育的应用前景广阔,有望打破传统教育的时空限制,实现更广泛的知识普及和教育公平。然而,当前智能教育仍需在数据隐私保护、算法透明性、教育资源平衡以及技术的普及应用等方面进行提升。未来的研究和应用将聚焦于提升智能教育系统的适应性和互动性,促进人机协作的教学模式,并推进更大范围的教育创新。

6. 智能农业

智能农业通过融合人工智能技术,旨在实现农业生产的精准化、自动化和智能化,以提高农业生产效率、降低成本并增加产量。在精准农业中,人工智能技术通过分析遥感数据和环境信息,优化种植策略和资源配置;农业机器人利用计算机视觉和机器学习技术,实现自动播种、施肥和收割;农产品质量检测应用深度学习和图像识别技术,自动化地识别和评估农产品的质量;农业气象预报则通过大数据分析和预测模型,提供准确的天气预报和灾害预警。智能农业的应用前景广阔,有望显著提升农业生产的智能化水平和可持续发展能力。当前智能农业仍需在数据共享与整合、技术的普及应用、设备成本以及系统的稳定性等方面进行提升,并加强对农业环境变化的应对能力。

7. 智能管理

智能管理通过结合人工智能技术,旨在提升企业和组织的管理效率、决策质量和运营智能化水平。智能管理中涉及多种人工智能技术,例如,专家系统用于提供专业的决策建议,机器学习和神经网络用于处理复杂的数据关系、改进预测模型和适应变化的环境。在管理信息系统中,人工智能技术可以增强其数据分析能力、自动化生成报告和进行智能决策建议;办公自动化系统可以利用机器人流程自动化和模式识别技术提高日常事务处理的效率,减少人为错误,并优化工作流程;决策支持系统则可结合神经网络、机器学习和专家系统等技术,从大量数据中提取模式和趋势,进行预测分析,帮助管理层做出基于数据的精准决策。智能管理的应用前景广阔,有助于提高决策的科学性和效率。针对数据整合、模型解释性、系统适应性等挑战,未来的研究和应用需增强智能管理系统的实时性和准确性,并强化跨系统的数据协作与智能化整合。

8. 智能通信

智能通信通过结合人工智能技术,旨在提升通信网络的效率、可靠性和智能化水平,使网络能够在最佳状态下运行,并具备自适应、自组织、自学习和自修复等先进功能。人工智能在智能通信中的应用涵盖了通信网络的构建、网络管理与控制、信息传输与转换等多个方面。人工智能技术通过优化网络拓扑和资源分配,提高网络的整体性能;机器学习用于实时监控网络状态、预测网络故障,并自动调整网络配置以优化性能;深度学习用于优化信号处理、数据压缩和错误校正,从而提高数据传输的效率和准确性;自然语言处理技术则主要用于提升人机交互中的信息理解能力,例如用于语音通信和文本解析中。智能通信的应用可以显著提升通信系统的自适应能力和运维效率,但仍需在数据安全、网络可靠性和技术集成度等方面进行改进。

9. 计算机文艺创作

人工智能应用于计算机文艺创作,可以拓展创作的边界,增强艺术作品的创造性和个性化。人工智能在这一领域的应用涵盖了文本生成、音乐创作、图像生成等多个方面。例如,文本生成使用自然语言处理技术和预训练语言模型来创作小说、诗歌和剧本,能够产生富有创意和情感的文学作品;音乐创作中,深度学习模型通过学习大量音乐数据生成原创曲目,模拟不同风格的音乐创作;在图像生成方面,生成对抗网络和变分自编码器被用于创作艺术风格图像和设计视觉艺术作品。这些应用不仅丰富了艺术创作的方式,还为艺术家提供了新的创作工具和灵感。目前,人工智能在计算机文艺创作中的应用仍需关注生成内容的原创性和艺术价值的评估等问题,未来的研究可以关注提高创作内容的深度和复杂性,优化生成模型的表现,并探索人工智能与人类艺术家之间的协作模式,以推动计算机文艺创作的创新发展。

除了以上讨论的应用之外,人工智能还有许多其他应用,种类繁多,应用广泛,这里不再展开。随着大数据、人工智能研发应用的深入,"人工智能＋"行动将惠及更多领域。事实上,人工智能技术正在深刻改变各个行业的生产和生活方式,提高了效率、质量和提升了用户体验。未来,随着人工智能技术的不断进步,其应用范围将进一步扩大,对社会各个方面产生更加深远的影响。

1.4 本章小结

人工智能是指用人造的机器(计算机)模拟和扩展人类或生物智能。人工智能是在哲学、数学、计算机科学、控制论、信息论、脑科学、语言学等多学科研究的基础上发展起来的综合性很强的交叉学科,至今已发展出若干下属或交叉学科或方向,包括基础理论、核心领域、应用领域、伦理与法律、前沿研究五个方面,并取得了惊人的成就。

人工智能发展至今,经历"三起两落",目前处于增长爆发期。许多专家学者沿着不同路径开展了大量工作。由此发展出符号主义、连接主义、行为主义三大学派,其典型代表分别为形式逻辑推理、人工神经网络、智能体。

人工智能已经成为世界公认的革命性技术,主要国家均将发展人工智能上升为国家战略。我国2017年印发了《新一代人工智能发展规划》,近年来大力发展人工智能技术,国外科技发达的国家和地区,如美国、欧盟、英国、日本等也出台了相关发展战略与规划。

人工智能的主要应用涵盖智能制造、智能机器人、智能医疗、智能交通等,并且其应用必将进一步扩大,并产生深远的影响。

习题

1. 简述什么是人工智能。它包含哪些主要特征?
2. 在人工智能发展过程中,哪些学科为其提供思想和技术?
3. 你认为人工智能的学习和研究应该包含哪些层次?
4. 人工智能的发展经历了哪些主要阶段?
5. 人工智能有哪些主要学派?其主要观点是什么?
6. 世界各国的人工智能发展战略有什么特点?你认为我国发展人工智能应注意什么问题?
7. 试简述人工智能的主要应用。
8. 你认为人工智能已经或即将为我们的学习和生活带来哪些改变?

参考文献

[1] 贲可荣,张彦铎.人工智能[M].北京:清华大学出版社,2018.

[2] RUSSELL S,NORVIG P.人工智能现代方法[M].4版.张博雅,陈坤,等译.北京:中国工信出版社,2023.

[3] 维基百科.Intelligence[Z/OL].(2024-8-8)[2024-8-20].https://en.wikipedia.org/wiki/Intelligence.

[4] MCCARTHY J,MINSKY M L,ROCHESTER N,et al.A proposal for the Dartmouth summer research project on artificial intelligence,August 31,1955[J].AI Magazine,2006,27(4):12-14.

[5] 徐洁磐.人工智能导论[M].北京:中国铁道出版社,2021.

[6] CATH C.Governing artificial intelligence:ethical,legal and technical opportunities and challenges[J]. Philosophical Transactions of the Royal Society A:Mathematical,Physical and Engineering Sciences, 2018,376(2133):20180080.

[7] 中国电子技术标准化研究院.人工智能标准化白皮书(2018版)[R].北京:中国电子技术标准化研究院,2018.

[8] TURING A M.Computing machinery and intelligence[M].Dordrecht:Springer Netherlands,2009.

[9] ROSENBLATT F.The perceptron:a probabilistic model for information storage and organization in the brain[J].Psychological Review,1958,65(6):386.

[10] SAMUEL A L.Some studies in machine learning using the game of checkers[J].IBM Journal of Research and Development,1959,3(3):210-229.

[11] MINSKY M,PAPERT S A.Perceptrons,reissue of the 1988 expanded edition with a new foreword by Léon Bottou:an introduction to computational geometry[M].Cambridge:MIT Press,2017.

[12] LIGHTHILL J.Artificial intelligence:A general survey[C]//Artificial Intelligence:a paper symposium.London:Science Research Council,1973:1-21.

[13] BARKER V E,O'CONNOR D E,BACHANT J,et al.Expert systems for configuration at Digital: XCON and beyond[J].Communications of the ACM,1989,32(3):298-318.

[14] HOPFIELD J J.Neural networks and physical systems with emergent collective computational abilities[J].Proceedings of the National Academy of Sciences,1982,79(8):2554-2558.

[15] HOPFIELD J J,TANK D W."Neural" computation of decisions in optimization problems[J]. Biological Cybernetics,1985,52(3):141-152.

[16] RUMELHART D E,HINTON G E,WILLIAMS R J.Learning representations by back-propagating errors[J].Nature,1986,323(6088):533-536.

[17] MCCORDUCK P.The fifth generation:artificial intelligence and Japan's computer challenge to the world[M].Reading,MA:Addison-Wesley,1983.

[18] HINTON G E,OSINDERO S,TEH Y W.A fast learning algorithm for deep belief nets[J].Neural Computation,2006,18(7):1527-1554.

[19] HINTON G E,SALAKHUTDINOV R R.Reducing the dimensionality of data with neural networks [J].Science,2006,313(5786):504-507.

[20] DENG J,DONG W,SOCHER R,et al.Imagenet:A large-scale hierarchical image database[C]// 2009 IEEE Conference on Computer Vision and Pattern Recognition.IEEE,2009:248-255.

[21] KRIZHEVSKY A,SUTSKEVER I,HINTON G E.Imagenet classification with deep convolutional neural networks[C]//Advances in Neural Information Processing Systems.Stateline:NeurIPS, 2012,25.

[22] MASLEJ N,FATTORINI L,PERRAULT R,et al.Artificial Intelligence Index Report 2024[R].

Stanford：Institute for Human-Centered AI,2024.

[23] 智谱研究.2023 年全球最具影响力人工智能学者/分析洞察系列 1[EB/OL].(2023-09-05)[2024-08-01].https://www.aminer.cn/research_report/64f686197cb68b460f283978.

[24] 王万良.人工智能导论[M].北京：高等教育出版社,2017.

[25] LENAT D,FEIGENBAUM E. On the thresholds of knowledge[J]. Artificial Intelligence：Critical Concepts,2000,2：298.

[26] PIAGET J. The origins of intelligence in children[M]. New York：International Universities Press,1952.

[27] BROOKS R A. Intelligence without reason[M]//The artificial life route to artificial intelligence. London：Routledge,2018：25-81.

[28] BROOKS R A. Intelligence without representation[J]. Artificial Intelligence,1991,47(1-3)：139-159.

[29] 李德毅.人工智能导论[M].北京：中国科学技术出版社,2018.

[30] 廉师友.人工智能导论[M].北京：清华大学出版社,2020.

[31] 赵志君,庄馨予.中国人工智能高质量发展：现状、问题与方略[J].改革,2023(9)：11-20.

[32] 王彦雨,高芳.主要国家人工智能技术发展路线图规划模式及启示[J].中国科技论坛,2022(1)：180-188.

[33] 吴逸菲,樊春良.创新系统视角下美国国家人工智能战略的演化逻辑及趋势分析[J].科学学与科学技术管理,2024,45(7)：29-48.

[34] 郭佳楠.欧盟人工智能的政策、伦理准则及规制路径研究[J].互联网天地,2023(1)：26-32.

[35] 陈祥.日本人工智能战略论析[J].大连理工大学学报(社会科学版),2023(5)：18-27.

第 2 章

数学基础

在人类历史发展和社会生活中,数学是学习和研究现代科学技术必不可少的基本工具,发挥着不可替代的作用。在第 1 章中,我们介绍了人工智能的概念、特征和一些基本思想,但人工智能到科学技术的跳跃要求在三个基础领域具有一定水平的数学形式体系——逻辑、计算和概率。

具体地,从解决问题这一根本需求出发进行分析,当我们面对一个实际问题时,首先需要明确问题的定义和边界,对问题进行抽象和建模,从而将现实世界中的复杂现象简化为可处理的逻辑结构或数学模型。其中,计算机可处理的逻辑结构需要基于数理逻辑完成形式化的构建,以精确描述知识的表示和推理;数学模型则需基于问题的类型、复杂度进行构建,并设计相应的算法来求解问题。算法设计是人工智能的核心任务之一,我们既需要考虑算法的时间复杂度和空间复杂度,以确定其在实际应用中的可行性,也需要选择合适的数学工具和技术来构建和优化算法,包括线性代数、微积分、概率论等,它们为算法提供了强大的理论基础和求解手段。

本章主要从逻辑、计算和概率这三个方面学习人工智能的数学基础。

2.1 逻辑基础

逻辑是人工智能的核心基础之一,它为系统提供了严格的形式化框架和推理机制,在专家系统、自动定理证明、智能搜索等多个领域发挥着至关重要的作用。

数理逻辑是用数学方法研究形式逻辑的一个分支。数理逻辑的形式化是为了更精确、更普遍地描述和推理而设计的。形式化带来了抽象,有时候让人难以理解,但同时带来了精确性和一致性,并且有助于我们抓住问题的本质,从而更好地理解和解决复杂问题。例如,欧几里得几何中的点、线、面等基本元素被赋予了抽象的符号(如点用 P、Q 等表示,线用 l、m 等表示),而不再局限于具体的物理对象(如机械零件上的某个点、某条线)。这些符号仅代表几何学中的抽象概念,不必与现实世界中的具体事物直接对应。欧几里得几何建立在几个基本公理之上,如"过相异两点能且只能作一直线"。这些公理是抽象的,不依赖于任何具体的物理或直观意义。它们仅仅定义了这些基本元素之间的关系和性质,人们不需要了解这些元素在现实世界中的具体表现。虽然欧几里得几何的公理系统最初是为了描述和解释现实世界中的几何现象而建立的,但一旦这个公理系统被形式化,它就超越了其原始的客观背景,能够用于描述更深层、更抽象的规律。例如,非欧几里得几何(如双曲几何和椭圆几何)就是在放宽或修改欧几里得几何的某些公理后得到的,它们同样遵循形式化的公理系统,但描述的是与欧几里得空间结构不同的几何世界。

在制造领域,为了从"自动化"向更高追求的"智能化"迈进,需要对"知识"也进行形式化,使得知识可以在计算机中被精确地表示、存储和利用。以汽车制造为例,知识涵盖了产品设计、生产工艺、材料科学、质量控制等多个方面。知识的表示是将这些复杂、多样的知识以计算机可理解的形式进行精确描述和存储的过程。通过知识的表示,可以将人类专家的经验和知识转化为计算机程序中的规则、模型或数据,为后续的智能推理和决策提供坚实的基础。基于已表示的知识进行推理,系统可以模拟人类专家的思维过程,对生产过程中的问题进行智能化分析和决策,从而支撑制造智能化。

数理逻辑能够通过计算机作精确的处理,而表达方式和人类自然语言又非常接近,适合作为知识表示和推理的工具。因此,本节学习逻辑基础,主要关注用于知识表示和推理的数理逻辑规则和框架。

2.1.1　知识表示

基于知识本身的明确性和可验证性,大致可将其分为确定性知识和不确定性知识。确定性知识是其结果只能为"真"或"假"的知识,这些知识是可以精确表示的。它通常基于严格的逻辑、数学原理或经过反复实验验证的科学事实。确定性知识在各个领域都有广泛应用,如物理学定律、化学方程式、历史事实等。在人工智能和智能制造中,确定性知识表示和推理是实现智能化和高效化的重要基础。不确定性知识与确定性知识相对。不确定性知识是指那些由于信息不完整、观测误差、随机性或其他因素导致的无法精确描述或验证的知识。不确定性知识在现实世界中更为常见,因为许多现象和事件都受到多种复杂因素的影响,难以用单一的确定性规律来描述。不确定性知识表示和推理是人工智能领域的一个重要研究方向,旨在处理这种知识的不确定性,提高系统的鲁棒性和适应性。值得注意的是,确定性知识和不确定性知识并不是完全独立的,它们之间往往存在相互联系和转化。在实际应用中,很多情况下都需要同时考虑确定性知识和不确定性知识,以更全面、准确地描述和解决问题。

本小节主要从命题与谓词、知识的产生式表示、知识的结构化表示和状态空间表示法这四个方面对知识表示进行介绍。

1. 命题与谓词

1) 命题逻辑

命题逻辑是研究命题与命题之间关系的符号逻辑系统。所谓命题,指的是非真即假的陈述句,例如,"钢铁是坚硬的"。命题的判断结果称为命题的真值,一般使用 T(真)、F(假)表示。命题的真值只能有一个取值,要么为 T(真)、要么为 F(假),不能同时既为真又为假;也不能既无法说是真的,也无法说是假的,如一个经典的悖论:"这句话是假的",它不是命题。此外,在自然语言中,类似"今天设备运行正常吗?","开动!","啊,这……"都不是陈述句,也就不是命题。

以下列举一些与制造领域相关的命题:

（1）机器人焊接技术提高了焊接产品质量。

（2）这种型号的机床的加工精度达到 0.01mm。

（3）汽车制造过程中使用了环保材料。

（4）这家工厂的产品性能优越，而且价格合理。

（5）只有当原材料质量合格时，才能生产出高质量的产品。

（6）这家工厂要么产品质量存在问题，要么售后服务不到位。

其中，（1）～（3）都是可以判断真假的陈述句，都是命题。（4）～（6）也是命题，但其比（1）～（3）更为复杂。作为命题，（1）～（3）不能再分解为更简单的命题，称为简单命题，又称为原子命题，一般用大写字母 P、Q、R、S 等表示；（4）～（6）这些可以分解为几个原子命题的命题称为复合命题。例如，"这家工厂的产品性能优越，而且价格合理"是两个原子命题"这家工厂的产品性能优越"和"这家工厂的产品价格合理"组合而成的复合命题，该复合命题是由一个连接词"而且"连接而成的。在命题中可以使用逻辑连接词将原子命题连接组成复合命题（命题公式）。连接词有如下五个：

① ¬：称为"非"，表示对后面的命题的否定，使该命题的真值与原命题相反。

② ∨：称为"析取"。$P \vee Q$ 读作 P 与 Q 的析取，表示"或"的关系。

③ ∧：称为"合取"。$P \wedge Q$ 读作 P 与 Q 的合取，表示"与"的关系。

④ →：称为"蕴含"，表示"若……则……"的语义。$P \rightarrow Q$ 读作 P 蕴含 Q，一般称 P 为前件，表示前提条件；Q 为后件，表示结果。

⑤ ↔：称为"等价"，表示"当且仅当"的语义。$P \leftrightarrow Q$ 读作 P 等价 Q。

由此我们可以对命题进行（4）～（6）符号化：

（4）令 P：这家工厂的产品性能优越；Q：这家工厂的产品价格合理，则原命题可符号化为 $P \wedge Q$。

（5）令 P：原材料质量合格；Q：生产出高质量的产品，则原命题可符号化为 $P \rightarrow Q$。但原命题更强调必要性，因此更准确的表达可能是 $\neg P \rightarrow \neg Q$（如果原材料质量不合格，则不能生产出高质量的产品）。

（6）令 P：这家工厂产品质量存在问题；Q：这家工厂售后服务不到位，则原命题可符号化为 $P \vee Q$。

但命题逻辑存在明显缺陷：使用命题讨论问题时，原子命题是最小单元，即原子命题是一个不可分的整体。此时一个陈述句用一个符号表示，无法细分，即知识的颗粒太大，无法表示不同事物的共性，比如"激光是电磁波"和"太阳光是电磁波"必须用两个命题、两个不同符号表示。此外，有些问题在命题逻辑的表示下推理困难，例如："电磁波以光速传播"，"激光是电磁波"，"激光以光速传播"，这个问题的推理对于人类非常简单，但用命题表示问题时，三个命题的关系无法显现，给计算机推理带来困难。因此需要对命题的陈述句进一步分解。

2）谓词逻辑

谓词逻辑是在命题逻辑的基础上发展起来的，其基本想法是把命题进一步分解。根据语法，陈述句一般可分为主语和谓语，或主语、谓语和宾语。其中，主语和宾语都用来表示客观世界存在的事物或者某个抽象概念，在谓词逻辑中称为个体；表示具体或者特指的个体称为个体常项，表示泛指的个体则称为个体变项。谓语用于表示个体的属性、状态、动作或

个体间的关系,在谓词逻辑中称为谓词;表示具体性质或关系的谓词称为谓词常项,表示泛指或抽象的性质或关系的谓词则称为谓词变项。我们将含有 n 个个体变项 $x_1, x_2, \cdots, x_n$ 的谓词称为 n 元谓词。定义如下:如果 D 是个体域,$P: D^n \rightarrow \{T, F\}$ 是一个映射,其中 $D^n = \{(x_1, x_2, \cdots, x_n) | x_1, x_2, \cdots, x_n \in D\}$,则称 P 是一个 n 元谓词,记为 $P(x_1, x_2, \cdots, x_n)$。

一般地,当 $n=1$ 时,$P(x_1)$ 表示个体 x_1 具有性质 P;当 $n \geqslant 2$ 时,$P(x_1, x_2, \cdots, x_n)$ 表示 $x_1, x_2, \cdots, x_n$ 具有关系 P。这里定义的谓词一般称为一阶谓词。当谓词中的某个变元 x_i 也是谓词时则称之为二阶谓词。

谓词的连接词与命题相同,但与命题逻辑相比,由于谓词带有变元,其需要量词的约束。量词是由量词符号和被其量化的变元所组成的表达式,用来对谓词中的个体做出量的规定。

(1) 全程量词符号 $\forall$:语义是"个体域中的所有或任意一个 x",谓词公式 $(\forall x) P(x)$ 为真的含义是对个体域中所有的 x,$P(x)$ 都为真。

(2) 存在量词符号 $\exists$:语义是"个体域中至少存在一个 x",谓词公式 $(\exists x) P(x)$ 为真的含义是个体域至少有一个 x,使 $P(x)$ 为真。

谓词逻辑是一种形式语言,也是能够表达人类思维活动规律的一种精确语言。其适合表示事物的状态、属性、概念等事实性知识,也可以用来表示事物间的因果关系。使用谓词表示知识一般可分两步:一是根据所表示的知识定义谓词;二是使用连接词和量词依据表达的知识把谓词连接起来。

仍然以电磁波的例子进行说明,一种表示方式是首先定义谓词 $P(x, y)$:x 以速度 y 传播;$W(x)$:x 是电磁波。然后用谓词表示问题"电磁波以光速传播":$(\forall x) W(x) \rightarrow P(x, \text{lightspeed})$;"激光是电磁波":$W(\text{laser})$。基于这些谓词表示,再利用一些推理规则(将在 2.1.2 节中具体介绍,这里用到的是假言推理规则),即可得到"激光以光速传播":$P(\text{laser}, \text{lightspeed})$。

相比命题逻辑,一阶谓词逻辑表示更接近于自然语言,且描述精确,处理相对灵活,知识相对独立,有利于知识库的维护。但谓词逻辑表示知识仍存在组合爆炸、知识库管理困难和系统效率低等问题。

2. 知识的产生式表示

产生式表示法(production representation)是由美国数学家 Emil Leon Post 于 1934 年首先提出的,它是根据串代替规则提出的一种称为波斯特机的计算模型,模型中的每条规则称为产生式。1972 年,Allen Newell 和 Herbert Simon 在研究人类的认知模型中开发了基于规则的产生式系统。产生式表示法已成为人工智能中广泛应用的知识表示模式,许多成功的专家系统都采用了这一方法。

1) 事实表示

事实表示是指把事实看作断言一个语言变量的值或多个语言变量间的关系的陈述句。

对确定性知识的表示为一个三元组:

(对象,属性,值)　或　(关系,对象1,对象2)

例如:"钢铁是坚硬的"表示为(钢铁,质地,坚硬);"我热爱祖国"表示为(热爱,我,祖国)。

不确定性事实一般用四元组,即在三元组后再增加可信度:

$$（对象，属性，值，可信度）　或　（关系，对象 1，对象 2，可信度）$$

例如："设备 X 可能即将发生故障"表示为（设备 X，运行状态，即将故障，0.6）。这里，即将故障的可信度为 60%，可能是基于设备的当前运行数据（如温度、振动频率等）和历史故障记录预测得到的。将制造领域中的不确定事实以产生式规则的形式进行表示，有助于在决策过程中考虑这些不确定性因素。在实际应用中，这些产生式可以基于专家经验、历史数据、机器学习模型等多种方式构建和调整。

2）规则的表示

规则一般描述事物间的因果关系，规则的产生式表示形式称为产生式规则，简称为产生式。形式为

$$P{\rightarrow}Q　或　IF\ \ P\ \ THEN\ \ Q$$

P 是产生式的前件或前提，一般由事实的逻辑组合构成；Q 是产生式的后件或结论，一般是结论或操作。

产生式的含义：如果前件 P 满足，则可推出结论 Q，或执行 Q 所规定的操作。

与命题逻辑中的蕴含式不同的是：蕴含式只能表示确定性知识，产生式不仅可以表示确定性知识，也可表示不确定性知识。使用过程中对前件的匹配，蕴含式要精确匹配，而产生式可以相似匹配，产生式规则的不确定性也可以用规则的可信度表示。不确定性规则的产生式表示的基本形式为

$$P{\rightarrow}Q\ ［可信度］　或　IF\ \ P\ \ THEN\ \ Q\ ［可信度］$$

例如，在飞行器评估系统中，可能存在这样的产生式规则：IF 飞行器正常发出一级点火指令 AND 一级发动机压力正常，THEN 飞行器一级点火正常（0.95）。

3）产生式系统

通常将使用产生式表示方法构造的系统称为产生式系统，其是专家系统的基础框架。产生式系统的基本结构如图 2-1 所示，主要包括综合数据库、规则库或知识库、控制系统三部分。

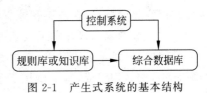

图 2-1　产生式系统的基本结构

综合数据库存储当前系统状态的所有信息，包含各种事实、数据和符号。这些信息是系统进行推理和决策的基础，并随着系统的运行不断更新，以反映新的状态和变化。

规则库或知识库用于存放系统相关领域的所有知识的产生式，包含一系列 IF-THEN 形式的规则，这些规则定义了在特定条件下应采取的操作或得出的结论。规则库是系统知识的具体表现，提供了从现有信息推导新信息的机制。

控制系统负责管理规则的选择和应用过程，它是由一组程序组成的推理机。控制系统决定何时、如何选择适用的规则，并根据这些规则更新综合数据库的内容，确保产生式系统以有效和一致的方式运行，实现预定的目标。

产生式表示法与人类表达因果关系的形式一样，自然、直观，而且便于推理；它既可以表达确定性知识，又可以表达不确定性知识，且具有固定的知识格式，表示清晰。然而，产生式表示法不适合表达具有结构关系的知识。

3. 知识的结构化表示

实际问题往往包含许多个体及其之间的关系。传统的程序语言把这些信息简化为一系

列待处理的数据或数据结构,我们需要通过复杂算法或过程来处理数据才能求解问题,这导致基于知识的复杂软件的构建异常困难,且难以理解和维护。结构化的知识表示方法可以有效解决这个问题,它能够表示和处理解空间的对象及其之间的关系。

实际上,我们认知世界时习惯以一种有序、系统的方式理解和组织复杂的信息,从而更有效地进行思考和决策。当我们接触到一个新的事物或概念时,我们会首先寻找它与已知事物的相似之处,并将其归入一个已有的类别或框架中。这个框架包含该类别事物的一般属性和关系,为我们提供了一个理解新事物的起点。一旦我们将新事物归入某个框架,我们就会开始填充这个框架中的具体信息。知识的结构化表示正符合人类认知世界的这种习惯。例如,我们知道计算机通常包括 CPU、内存、主板、硬盘、显卡等核心组件,因此在接触一台新计算机时,我们会首先关注这些组件的具体情况,如型号、性能参数等,并将这些信息填充到我们已知的计算机框架中,快速形成对这台计算机的知识。随着对新计算机了解的深入,我们还会不断更新和修正这个框架中的信息,以使其更加准确和完整。同时,结构化知识表示还关注这些组件之间的关系,比如 CPU 如何与内存交换数据、硬盘如何存储操作系统和应用程序等。通过理解这些关系,我们可以进行更深入的推理和分析,比如预测计算机的性能瓶颈、优化系统配置等。这种关联和推理的能力是人类认知世界的重要特征之一,也是知识的结构化表示所追求的目标之一。

总的来说,知识的结构化表示可以更直接地表示和处理事物以及它们之间的关系,从而让编程变得更简单、更直观,也更容易理解和维护。

1) 框架表示法

框架表示法是一种典型的结构化表示方法。1975 年,Minsky 提出框架理论(frame theory),最初是为研究视觉感知和自然语言对话等复杂行为提出的,但一经提出,就因其层次化和模块化的特点,在人工智能界引起了巨大反响,成为通用的知识表示方法,也成为当前流行的一些专家系统开发工具和人工智能语言的基础。

具体地,框架是描述对象(事物、事件或概念)属性的一种数据结构,它由若干个被称为"槽"(slot)的结构组成,每个槽用于表示对象的某一方面属性。槽还可以进一步细分为若干个"侧面"(facet),用于描述属性的一个方面。例如:

框架名:<机械零件>
槽名1:零件名称
槽名2:材料
槽名3:尺寸　侧面名1:长度　侧面名2:宽度　侧面名3:高度
槽名4:加工工艺　侧面名1:粗加工　侧面名2:精加工　侧面名3:热处理
槽名5:质量要求　侧面名1:精度等级　侧面名2:表面粗糙度
槽名6:用途
槽名7:设计者
槽名8:生产日期

将某个零件具体信息填入这个框架,则有:

框架名:<机械零件-1>
零件名称:轴承座
材料:铝合金
尺寸:长度:100mm　宽度:80mm　高度:50mm
加工工艺:粗加工:铣削　精加工:磨削　热处理:退火

质量要求：精度等级：IT6　表面粗糙度：$Ra0.8$　用途：支撑轴承并传递载荷
设计者：张工
生产日期：2024-04-01

进一步地，我们可以通过使槽值为另一个框架的名字来构建框架网络，以描述更为复杂的知识。在框架网络中，下层框架可以继承上层框架的值，也可以修改和补充，这样不仅避免了知识的冗余，也可较好地保持知识的一致性。例如，前面"机械零件"的框架可以作为以下框架的下层框架：

框架名：<机械零件类别>
-类别名称：字符串（如"轴承类""齿轮类""轴类"等）
-典型零件：{零件 1，零件 2，……}（每个零件都是下层"机械零件"框架的实例或引用）
-材料要求：字符串（描述该类零件常用的材料或材料标准）
-加工工艺概述：字符串（简述该类零件的主要加工工艺）

总体来说，框架表示法模拟人类对实体的多方面、多层次的存储结构，直观自然，易于理解。框架表示法善于表示结构性知识，不仅可以从多个方面、多重属性表示知识，而且可以通过预定义槽表示知识的结构层次和因果关系，因此能表达事物间的复杂深层联系。然而，框架表示缺乏过程性知识表示。

2）语义网络

语义网络（semantic network）最早是由 Quillian 在 1968 年研究人类联想记忆时提出的一种心理学模型，用以描述概念间的联系。它其实是一种有向图，通过节点和边来表示知识，节点代表概念，而边则表示概念之间的语义关系。

下面列举语义网络中常见的几种基本语义关系：

类属关系表示一个概念是另一个概念的子类，如"是一种"："铁是一种金属"。

包含关系表示一个概念是另一个概念的一部分，如"是一部分"："轮胎是汽车的一部分"。

属性关系表示一个概念具有某种属性或特征，如"有"："汽车有轮子"；"会"，"能"，如"车会跑"。

比如用语义网络表示：机器能工作，会耗能；机床是一种机器，工作在车间，能加工；汽车是一种机器，有轮子；火车是一种机器，有轮子。语义网络如图 2-2 所示。

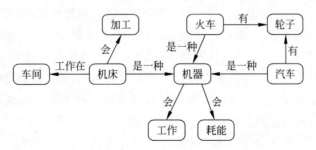

图 2-2　语义网络

语义网络表示法根据人类记忆的心理模型提出，能把事物的属性及其之间的各种语义联系显式表达出来，使得自然语言与语义网络的转换易实现。语义网络表示法手段多、表示灵活，但没有公认的形式表示体系，形式的不一致增加了处理问题的复杂度。

3) 知识图谱

知识图谱(knowledge graph)也是一种用于表示知识的结构化方法,最早由谷歌公司于2012年正式提出,并应用于其搜索引擎中,以提升搜索结果的相关性和用户体验。它通过构建实体及其关系的图结构来表示知识。

知识图谱的概念源于语义网络和本体论的研究,因此它与语义网络有相似之处。在表达方式上,知识图谱也使用节点和边来表示实体及其关系,但每个节点和边可以包含丰富的属性信息,更加关注于实体、关系及属性之间的多层次、多类型的复杂关系。知识图谱通常比语义网络更复杂,能够表达更加丰富和复杂的关系和属性,也具有更严格的模式和数据组织结构,从而具有更强的推理和查询功能,能够处理大规模数据和复杂的查询需求。因此,语义网络主要用于早期的认知和语言研究,知识图谱则广泛应用于现代的搜索引擎、问答系统和数据集成等领域。

具体地,语义网络中的节点表示概念,边表示简单的关系;而知识图谱中,节点表示实体(如"爱因斯坦""相对论"),边表示关系(如"发明了"),同时每个节点和边都可以有属性(如"爱因斯坦的出生时间是1879年"等更加丰富的信息)。

4. 状态空间表示法

状态空间表示法(state space representation)源自图论和离散数学,特别是搜索算法和路径规划问题。它是一种用于表示问题求解过程的方法,特别适用于描述问题的状态和状态之间的转换。

状态空间表示法通过定义以下要素来描述问题:

状态:问题求解过程中某一时刻的具体情况,可以是一个变量的值或多个变量值的集合。

初始状态:问题求解的起点,即系统开始状态。

目标状态:问题求解的终点,即希望达到的状态。

操作:从一个状态转换到另一个状态的具体步骤或规则。

一般地,可以用四元组 $W=(S,O,I,G)$ 表示求解的问题。其中,S 表示问题求解过程中所有可能的合法状态构成的集合,O 表示所有有效操作算子集合及操作的前提条件,I 表示问题的初始状态集合,G 表示问题的目标状态集合。

状态空间表示法还可以用有向图表示,其中节点表示问题的状态,弧表示状态之间的关系。那么,在状态空间表示中,寻找一个状态向另一个状态转变的操作算子序列就等同于在有向图中寻找一条路径。例如八数码问题:在 3×3 的方格棋盘上分别放置标有整数1至8的八张牌,初始状态为 S_0、目标状态为 S_g,如图2-3(a)所示,通过数码牌的移动找到一条从初始状态 S_0 到目标状态 S_g 的路径。可以通过状态空间图表示该问题的搜索过程,例如,对初始状态 S_0 允许的操作算子为 O_1、O_2、O_3,分别使状态 S_0 转换为 S_1、S_2、S_3,如图2-3(b)所示。经过若干操作,若得到 $S_8\in G$,则 O_2、O_6、O_8 为问题的一个解。

2.1.2　推理方法

在通过适当的知识表示方法来表达待求解的问题后,还需要利用推理或搜索技术来解决问题。推理是从已知事实出发,根据一定的策略推导出结论的思维过程,通常也称为证明

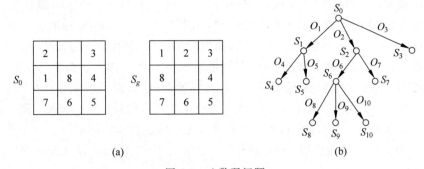

图 2-3　八数码问题

（a）初始状态、目标状态；（b）状态空间有向图示例

过程。在人工智能中,推理是由程序实现的,计算机通过已知的事实和知识推导出新的结论。需要说明的是,尽管人类能够轻松完成一些推理任务,但计算机程序在多个方面具有优势。例如,人类在进行推理时,通常只能处理较为有限的信息量,并且很难在短时间内处理复杂问题,而计算机程序能够在短时间内处理大量数据和复杂的逻辑关系;人类推理容易受到疲劳、记忆限制等因素的影响,导致推理不一致或出错,而计算机程序在相同的条件下每次都会得出相同的结果,不会受到外部因素的影响,从而可以保持一致性。计算机程序在自动化、高效率、知识的标准化、量化不确定性以及提供可重复性和可解释性方面具有显著优势。因此,在很多领域,构建通过程序来完成推理任务的人工智能是必要的。

本节主要以专家系统中基于知识库的逻辑推理为例,介绍推理方法。

1. 确定性推理方法

确定性推理是指推理时所用的知识与证据都是确定的,推出的结论也是确定的,其值要么为真、要么为假,这里的证据是指已知事实或在推理过程中得到的结论。

在专家系统中,根据知识表示方法的不同,推理机利用知识库进行推理的方法也有所不同。以基于规则的专家系统为例,最常用的知识表示方法是产生式。按照推理的方向,推理方法可以分为正向推理和逆向推理。

1）正向推理

正向推理也称数据驱动推理,是从已知的事实出发,通过逐步应用推理规则来推导出新结论的过程。这种方法通常从知识库中的初始条件(事实)开始,根据规则的条件部分匹配这些已知条件,然后应用规则的结果部分生成新的事实,直到达到目标结论或没有新的规则可以应用为止。正向推理是一个"由因导果"的过程。它适合处理从一组已知事实出发,逐步推导出结论的情况。例如,在医疗诊断系统中,从患者的症状出发,逐步应用医学规则推导出可能的疾病诊断。

正向推理简单直接,易于理解和实现,在面对大量事实和规则时,能够有效地推导出所有可能的结论。

例如,已知 A、B、D 成立,基于以下三条规则求证 F 成立:

r_1:　IF　A and B　THEN　C

r_2:　IF　C and D　THEN　E

r_3:　IF　E　THEN　F

推理步骤为：已知 A 和 B 都成立，根据规则 r_1，推出 C 成立；已知 C 和 D 都成立（C 刚刚通过推理得到，D 已知成立），根据规则 r_2，推出 E 成立；已知 E 成立（在上一步中推导得出），根据规则 r_3，推出 F 成立。结果成立，推理结束。注意，在专家系统中，这个过程伴随着动态数据库的更新，即随着推理进行，我们逐渐将 C、E 和 F 加入动态数据库中。

这里用到了基本的演绎推理规则。所谓演绎推理，是指由一般到具体（个别）的推理。演绎推理一般是三段论：①大前提：已知的一般性知识或假设；②小前提：关于所研究的具体情况或个别事实的判断；③结论：由大前提推出的适合小前提所示情况的新判断。例如，大前提：电磁波以光速传播；小前提：激光是电磁波；应用假言推理规则，得到结论：激光以光速传播。

命题逻辑中常用的等价式有：

交换律：$P \lor Q \Leftrightarrow Q \lor P, P \land Q \Leftrightarrow Q \land P$

结合律：$(P \lor Q) \lor R \Leftrightarrow P \lor (Q \lor R), (P \land Q) \land R \Leftrightarrow P \land (Q \land R)$

分配律：$P \lor (Q \land R) \Leftrightarrow (P \lor Q) \land (P \lor R), P \land (Q \lor R) \Leftrightarrow (P \land Q) \lor (P \land R)$

德·摩根定律：$\neg(P \lor Q) \Leftrightarrow \neg P \land \neg Q, \neg(P \land Q) \Leftrightarrow \neg P \lor \neg Q$

双重否定律：$\neg(\neg P) \Leftrightarrow P$

吸收律：$P \lor (P \land Q) \Leftrightarrow P, P \land (P \lor Q) \Leftrightarrow P$

补余律：$P \lor \neg P \Leftrightarrow T, P \land \neg P \Leftrightarrow F$

连词化归律：$P \to Q \Leftrightarrow \neg P \lor Q, P \leftrightarrow Q \Leftrightarrow (P \land Q) \land (\neg P \land \neg Q)$

假言推理：$P, P \to Q \Rightarrow Q$

假言三段论：$P \to Q, Q \to R \Rightarrow P \to R$

析取三段论：$P \lor Q, \neg P \Rightarrow Q$

拒取式：$P \to Q, \neg Q \Rightarrow \neg P$

两难推论：$P \to R, Q \to R, P \lor Q \Rightarrow R$

谓词逻辑中的等价式可用于处理涉及量词的命题，例如：

量词转换律：$\neg(\exists x)P \Leftrightarrow (\forall x)\neg P, \neg(\forall x)P \Leftrightarrow (\exists x)\neg P$

量词分配律：$(\forall x)(P \land Q) \Leftrightarrow (\forall x)P \land (\forall x)Q, (\exists x)(P \lor Q) \Leftrightarrow (\exists x)P \lor (\exists x)Q$

全称固化：$(\forall x)P(x) \Rightarrow P(y)$，其中 y 是个体域中的任一个体。

存在固化：$(\exists x)P(x) \Rightarrow P(y)$，其中 y 是个体域中使 $P(x)$ 为真的个体。

实际推理过程中，可能有多个规则的前提同时成立，这些规则或事实甚至可能是矛盾的。冲突消解问题指的是系统在面对多个互相矛盾的规则或事实时，如何选择合适的信息来得出一致的结论。这些冲突可能来自规则之间的相互矛盾，或是从不同来源获得的信息不一致等。为了解决这个问题，我们可以制定具体的冲突解决策略，如采用"最近更新优先"或"规则来源优先"等原则，系统在出现冲突时优先应用优先级更高的规则，从而确保重要信息得到优先处理。

2）逆向推理

逆向推理也称目标驱动推理，是从假设的目标结论出发，逐步回溯以验证该结论是否可以通过已知的事实和规则来支持。逆向推理从目标开始，检查有哪些规则能够产生这个目标，随后检查这些规则的前提是否能够通过进一步的推理或现有事实来验证。

逆向推理是一个"由果索因"的过程。它适合处理目标明确、需要验证某一特定结论是否成立的情况。例如,在问题求解系统中,系统从预期的解决方案出发,逐步回溯找出满足条件的路径。例如,在医学诊断系统中,如果系统要诊断某种疾病(目标),它会根据规则回溯查找与该疾病相关的症状和检查结果,最终确定是否能够通过已知的患者信息证明疾病的存在。逆向推理的推理过程直接指向目标,能够有效地避免无关推理步骤,减少不必要的计算。

仍以下面三条规则为例:

r_1：　IF　A and B　THEN　C

r_2：　IF　C and D　THEN　E

r_3：　IF　E　THEN　F

已知 A、B、D 成立,求证 F 成立。

推理过程:检查目标 F 的前提条件,根据规则 r_3,要证明 F 成立,首先需要证明 E 成立。检查 E 的前提条件,根据规则 r_2,要证明 E 成立,需要先证明 C 和 D 同时成立。其中,D 已经作为已知条件成立,因此接下来需要证明 C 成立。检查 C 的前提条件,根据规则 r_1,要证明 C 成立,需要先证明 A 和 B 同时成立。由于 A 和 B 都是已知条件,所以 C 成立。因此,目标 F 成立。

无论是正向推理还是逆向推理,逻辑推理通常依赖于确定性规则和明确的前提条件,在这种推理中,结论是根据已知信息的确定性推导出的。然而,许多实际问题中存在着不完全信息、模糊数据和不可预测的变量,这使得确定性推理的应用受到限制。因此,在面对这些复杂的现实情况时,我们需要引入不确定性推理。不确定性推理处理的是信息的不完整性和不确定性,通过引入概率、模糊逻辑等方法,帮助系统在不完全或不精确的信息下做出合理的决策和推理。

2. 不确定性推理方法

目前有不少不确定性推理方法,本节主要介绍可信度方法。可信度(certainty factor,CF)方法是一种用于处理不确定性推理的经典方法,最初由 Shortliffe 和 Buchanan 在开发 MYCIN 专家系统时提出。相较于概率推理和模糊逻辑,可信度方法计算简单,易于实现,适合于专家系统中的应用。

在 2.1.1 节中,我们介绍了不确定性知识的产生式表示法,主要是在确定性知识表示的基础上引入了可信度。可信度因子(CF)用于表示某个命题为真的可信程度,其取值范围通常为 $[-1,1]$。CF>0 表示某个命题为真的可信度,数值越大可信度越高;CF$=1$ 表示完全相信某个命题为真;CF<0 表示某个命题为假的可信度,数值越小(绝对值越大),表示我们对命题为假的信心越大,相应地对命题为真的信心越小;CF$=-1$ 表示完全相信某个命题为假。CF$=0$ 表示对命题的真伪没有倾向性,即完全不确定。

可信度的加入与传播可以有效体现专家经验知识的不精确和实际推理环境的不确定,得出的结论带有可信度,更符合实际情况。这个过程中,主要涉及可信度在逻辑运算、规则运算和规则合并中的计算问题。

1)逻辑运算

在可信度方法中,逻辑运算是对不同命题的可信度进行运算,以便在推理过程中处理复合条件。例如,针对"与"(and)、"或"(or)和"非"(not)等逻辑运算符,逻辑运算规则为:

(1) CF(A and B)$=\min\{$CF(A),CF(B)$\}$,即"A and B"的可信度等于 CF(A)和 CF(B)

中小的一个；

（2）CF(A or B)＝max{CF(A),CF(B)}，即"A or B"的可信度等于 CF(A)和 CF(B)中大的一个；

（3）CF(not A)＝－CF(A)，这一规则用于处理命题的否定，即"not A"的可信度等于 A 的可信度的负值。

2）规则运算

规则推导出的结论的可信度不仅取决于前提条件的可信度，还取决于规则本身的可信度。规则的可信度可以理解为当规则的前提肯定为真时，结论的可信度。规则运算涉及将规则的前提条件的可信度因子与规则本身的可信度因子结合起来，推导出结论的可信度因子。

规则运算的计算方式为：

已知：前件可信度为 CF(A)；规则及其可信度为 IF　A　THEN　B　CF(B,A)

则：结论可信度 $CF(B)＝\max\{0,CF(A)\}×CF(B,A)$

式中，max{0,CF(A)}取前件 A 的可信度因子与 0 之间的最大值，这意味着如果 CF(A)是负值（即对 A 为假的信心更强），这个部分的结果会是 0，表示这个前提条件对结论没有正面贡献。因此，只有当 CF(A)为正时，这个值才会等于 CF(A)，表示前提条件对结论的可信度有正面影响。式中的 CF(B,A)表示在给定前提条件 A 时，结论 B 的可信度因子。将前件的处理结果（即 max{0,CF(A)}）与规则的可信度因子 CF(B,A)相乘，即可得到最终的结论 B 的可信度因子 CF(B)。

3）规则合成

实际问题中，可能存在多个规则推导出相同结论的情况，且从不同规则得到同一个结论的可信度可能并不相同，此时需要对这些规则的可信度因子进行合成。规则合成的主要目标是整合不同规则对同一结论的贡献，以得出一个综合的可信度因子。

例如，已知：CF(零件的原材料质量高)＝0.8，CF(零件的生产过程控制严格)＝0.9，且有以下两条规则：

规则 1：IF　零件的原材料质量高　THEN　零件的质量好　0.7

规则 2：IF　零件的生产过程控制严格　THEN　零件的质量好　0.8

从第一条规则可以得到：CF(零件的质量好)＝0.8×0.7＝0.56；从第二条规则可以得到：CF(零件的质量好)＝0.9×0.8＝0.72。此时需要综合两条规则进一步确定 CF(零件的质量好)的数值。

设从规则 1 得到 CF1(B)，从规则 2 得到 CF2(B)，则规则的合成计算为

$$CF(B)＝\begin{cases} CF1(B)+CF2(B)-CF1(B)×CF2(B), & 当 CF1(B)、CF2(B) 均大于 0 时 \\ CF1(B)+CF2(B)+CF1(B)×CF2(B), & 当 CF1(B)、CF2(B) 均小于 0 时 \\ CF1(B)+CF2(B), & 其他 \end{cases}$$

这样，上面的例子合成后的结果为：CF(零件的质量好)＝0.56＋0.72－0.56×0.72≈0.88。

当涉及三个或更多规则的可信度因子合成时，通常采用逐步合成的方法，即先合成两个规则，再将结果与第三个规则合成，以此类推，直到所有规则都被合成。

可信度方法是一种经典的不确定性推理方法，广泛应用于早期的专家系统中。它简单

直观,在特定应用场景下具有独特的价值。当然,可信度方法依赖于主观判断且缺乏严格的数学支持,在很多现代复杂系统中需要考虑概率推理等其他方法。

2.2　计算基础

算法是人工智能系统的核心,它定义了系统如何根据输入数据产生输出。

易处理性(tractability)是衡量一个算法或问题求解过程复杂度的标准。在人工智能中,许多算法需要在大数据集上运行,并且需要快速响应。因此,算法的易处理性变得尤为重要。数学中的复杂度理论(如时间复杂度和空间复杂度)为研究算法的易处理性提供了理论工具。基于此选择、设计和优化算法,减少不必要的计算量,可以提高人工智能系统的性能和效率。

在人工智能算法的具体优化和求解过程中,数学工具发挥着至关重要的作用。例如,线性代数可用于处理高维数据和矩阵运算,是神经网络、主成分分析等技术的基础;微积分可用于优化问题的求解,如梯度下降等优化算法都依赖于微积分的原理;概率论与统计学用于建模不确定性、数据分析和统计推断,是贝叶斯模型、隐马尔可夫模型等技术的核心。

2.2.1　计算复杂性

评估问题的计算复杂性是设计有效算法的关键。在计算复杂性理论中,常用时间复杂度来衡量问题的计算复杂程度。这里所说的时间复杂度的单位并不是传统意义上的时间单位(如秒),而是指随着输入规模 n 的增长,算法所需基本操作(如加法、乘法、比较、赋值等)的执行次数或步骤数如何增长,特别是随着 n 的增长,执行次数的数量级是如何变化的。例如,求长度为 n 的一维数组的所有元素之和,其计算时间复杂度为 $O(n)$;而对这个数组中 n 个元素进行排序,若采用冒泡排序算法,进行元素比较的次数为 $n(n-1)/2$,复杂度数量级为 $O(n^2)$。如果把算法的复杂度函数记为 $p(n)$,则可以用其主要项的阶 $O(p(n))$ 来表示算法的复杂度。若算法的复杂度函数 $p(n)$ 为多项式,则称之为多项式算法;若算法的时间复杂性大于多项式算法,则称之为指数时间算法。我们将存在多项式时间算法的问题称为 P 问题(polynomial problem)。

但许多优化问题至今没有找到可求得最优解的多项式算法,通常我们将这类问题称为非多项式问题,即 NP 问题(nondeterministic polynomial problem)。NP 问题的概念通常基于判断问题引入,即如果我们有一个候选解,是否可以在多项式时间内验证解的正确性。显然,P⊂NP。进一步,NP-难问题(NP-hard)是至少和 NP 问题一样难的问题,这些问题不一定是 NP 类问题,它们可能不具有多项式时间内验证解的属性。NP 完全问题(NP-complete,NP-C)是既属于 NP 类,又是 NP-难的。也就是说,这类问题不仅能在多项式时间内验证解(属于 NP 类),而且是 NP 问题中最难的那一类问题(NP-难)。各类问题的关系如图 2-4 所示。如果能够在多项式时间内解决一个 NP 完全问题,那么所有 NP 问题都可以在多项式时间内解决。生产生活中许多组合优化问题都是 NP 难问题。

典型的 NP-C 问题如旅行商问题(traveling salesman problem,TSP)或旅行推销员问题:给定若干城市和每对城市之间的距离,找到一条经过每个城市一次并返回起点的最短

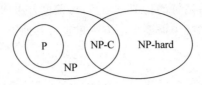

图 2-4　P 问题、NP 问题、NP-C 问题和 NP-hard 问题关系图

路径。若有 n 个城市,将两个顺序相反的路径认为是等价的,则存在 $n!/2$ 条路径。因此随着城市数量增加,可能的路径组合数量呈指数级增长。假设用 10^8 次/s 的计算机进行穷举,则可以估计,当 $n=10$ 时,搜索时间为 $t=1.8\times10^{-2}$ s;当 $n=20$ 时则迅速增加至 $t=386$ 年;$n=200$ 时,$t=1.3\times10^{359}$ 年。因此,遍历所有可能路径寻求最优解对于大型问题是不切实际的。

这类问题在制造领域中也广泛存在,为此我们需要使用一些搜索求解的算法,特别是以群智能算法为代表的人工智能算法,具体将在第 3 章中介绍。

2.2.2　线性代数

线性代数在人工智能中广泛应用于数据表示和操作。数据通常以向量和矩阵的形式表示,线性代数提供了操作这些数据结构的基本工具,例如神经网络的权重更新、特征提取和降维技术(如主成分分析)都依赖于线性代数的基本原理。此外,线性代数还用于表示和求解线性方程组,这在机器学习算法中尤为重要。

1. 矩阵与向量

由 $n\times m$ 个数组成的 n 行 m 列的数组称为 n 行 m 列矩阵,可以表示为

$$A=\begin{bmatrix} a_{11} & a_{12} & \cdots & a_{1j} & \cdots & a_{1m} \\ a_{21} & a_{22} & \cdots & a_{2j} & \cdots & a_{2m} \\ \vdots & \vdots & & \vdots & & \vdots \\ a_{i1} & a_{i2} & \cdots & a_{ij} & \cdots & a_{im} \\ \vdots & \vdots & & \vdots & & \vdots \\ a_{n1} & a_{n2} & \cdots & a_{nj} & \cdots & a_{nm} \end{bmatrix} \tag{2-1}$$

其中,$a_{ij}(i=1,2,\cdots,n;j=1,2,\cdots,m)$ 为矩阵 A 位于第 i 行第 j 列的元素。元素为实数的 n 行 m 列的矩阵 A 可以记作 $A\in\mathbb{R}^{n\times m}$ 或 $A_{n\times m}$。若矩阵行列数相等,则称该矩阵为方阵,并根据其行列数 n 称为 n 阶方阵。

由 n 个数组成的有序数组称为 n 维向量,其中这 n 个数称为向量的 n 个元素(或分量),第 i 个数就代表向量的第 i 个元素。例如,一个 n 维行向量 $\boldsymbol{\alpha}$ 可以表示为 $\boldsymbol{\alpha}=[\alpha_1,\alpha_2,\cdots,\alpha_n]$,而 n 维列向量 $\boldsymbol{\beta}$ 则可以表示为

$$\boldsymbol{\beta}=\begin{bmatrix} \beta_1 \\ \beta_2 \\ \vdots \\ \beta_n \end{bmatrix} \tag{2-2}$$

或用行向量的转置表示列向量 $\boldsymbol{\beta}=[\beta_1,\beta_2,\cdots,\beta_n]^{\mathrm{T}}$。$n$ 维列向量可以看作 n 行 1 列的矩阵，因此向量可以看作矩阵的一种特殊形式。如无特殊说明，本书所指向量一般为列向量。

若对于 n 阶方阵 $\boldsymbol{A}$，数 λ 和 n 维非零列向量 $\boldsymbol{x}$ 使得 $\boldsymbol{Ax}=\lambda\boldsymbol{x}$ 成立，则称 λ 是方阵 $\boldsymbol{A}$ 的一个特征值，$\boldsymbol{x}$ 是方阵 $\boldsymbol{A}$ 的对应于特征值 λ 的一个特征向量。若方阵 $\boldsymbol{A}$ 的所有特征值均大于零，则称方阵 $\boldsymbol{A}$ 为正定的；若方阵 $\boldsymbol{A}$ 的所有特征值均不小于零，则称方阵 $\boldsymbol{A}$ 为半正定的。

2. 向量运算

设 n 维向量 $\boldsymbol{\alpha}$ 与 $\boldsymbol{\beta}$ 分别为 $\boldsymbol{\alpha}=[\alpha_1,\alpha_2,\cdots,\alpha_n]^{\mathrm{T}}$，$\boldsymbol{\beta}=[\beta_1,\beta_2,\cdots,\beta_n]^{\mathrm{T}}$，则称 $\alpha_1\beta_1+\alpha_2\beta_2+\cdots+\alpha_n\beta_n$ 为向量 $\boldsymbol{\alpha}$ 与 $\boldsymbol{\beta}$ 的内积（点积），记作 $[\boldsymbol{\alpha},\boldsymbol{\beta}]=\boldsymbol{\alpha}^{\mathrm{T}}\boldsymbol{\beta}=\alpha_1\beta_1+\alpha_2\beta_2+\cdots+\alpha_n\beta_n$ 或 $(\boldsymbol{\alpha},\boldsymbol{\beta})=\boldsymbol{\alpha}^{\mathrm{T}}\boldsymbol{\beta}=\alpha_1\beta_1+\alpha_2\beta_2+\cdots+\alpha_n\beta_n$。内积具有以下几个重要性质：设 $\boldsymbol{\alpha}$、$\boldsymbol{\beta}$、$\boldsymbol{\gamma}$ 是 n 维向量，λ 为实数，则有：

(1) $[\boldsymbol{\alpha},\boldsymbol{\beta}]=[\boldsymbol{\beta},\boldsymbol{\alpha}]$；

(2) $[\lambda\boldsymbol{\alpha},\boldsymbol{\beta}]=[\boldsymbol{\alpha},\lambda\boldsymbol{\beta}]$；

(3) $[\boldsymbol{\alpha}+\boldsymbol{\beta},\boldsymbol{\gamma}]=[\boldsymbol{\alpha},\boldsymbol{\gamma}]+[\boldsymbol{\beta},\boldsymbol{\gamma}]$；

(4) $[\boldsymbol{\alpha},\boldsymbol{\alpha}]\geqslant0$，当且仅当 $\boldsymbol{\alpha}=\boldsymbol{0}$ 时 $[\boldsymbol{\alpha},\boldsymbol{\alpha}]=0$。

点积在很多场景都很有用。例如，给定一组由向量 $\boldsymbol{x}\in\mathbb{R}^d$ 表示的值，和一组由向量 $\boldsymbol{w}\in\mathbb{R}^d$ 表示的权重。$\boldsymbol{x}$ 中的值根据权重 $\boldsymbol{w}$ 的加权和可以表示为点积 $\boldsymbol{x}^{\mathrm{T}}\boldsymbol{w}$。当权重为非负且和为 1，即 $\sum_{i=1}^{d}w_i=1$ 时，点积表示加权平均（weighted average）。将两个向量规范化得到单位长度后，点积表示它们夹角的余弦。

3. 矩阵运算

矩阵的运算通常包括矩阵与矩阵的加减运算、矩阵与数之间的相乘运算、矩阵与向量相乘以及矩阵与矩阵之间的相乘运算，下面对这几类运算进行介绍。

1）矩阵加减

当且仅当两个矩阵行数相等、列数也相等时，两个矩阵之间可以进行加减运算。两个 $n\times m$ 矩阵 $\boldsymbol{X}=(x_{ij})$ 与 $\boldsymbol{Y}=(y_{ij})$ 的和（差）可以记为 $\boldsymbol{X}\pm\boldsymbol{Y}$，即

$$\boldsymbol{X}\pm\boldsymbol{Y}=\begin{bmatrix}x_{11}\pm y_{11} & x_{12}\pm y_{12} & \cdots & x_{1m}\pm y_{1m}\\ x_{21}\pm y_{21} & x_{22}\pm y_{22} & \cdots & x_{2m}\pm y_{2m}\\ \vdots & \vdots & & \vdots\\ x_{n1}\pm y_{n1} & x_{n2}\pm y_{n2} & \cdots & x_{nm}\pm y_{nm}\end{bmatrix} \tag{2-3}$$

矩阵的加减运算满足交换律和结合律。

2）矩阵与数运算

$n\times m$ 矩阵 $\boldsymbol{X}$ 与数 μ 的乘积记作 $\boldsymbol{X}\mu$ 或 $\mu\boldsymbol{X}$，即

$$\boldsymbol{X}\mu=\mu\boldsymbol{X}=\begin{bmatrix}\mu x_{11} & \mu x_{12} & \cdots & \mu x_{1m}\\ \mu x_{21} & \mu x_{22} & \cdots & \mu x_{2m}\\ \vdots & \vdots & & \vdots\\ \mu x_{n1} & \mu x_{n2} & \cdots & \mu x_{nm}\end{bmatrix} \tag{2-4}$$

$n \times m$ 矩阵 $\boldsymbol{X}$、$\boldsymbol{Y}$ 与数 μ、η 运算满足：

（1）$(\mu\eta)\boldsymbol{X} = \mu(\eta\boldsymbol{X})$；

（2）$(\mu+\eta)\boldsymbol{X} = \mu\boldsymbol{X} + \eta\boldsymbol{X}$；

（3）$\mu(\boldsymbol{X}+\boldsymbol{Y}) = \mu\boldsymbol{X} + \mu\boldsymbol{Y}$。

3）矩阵-向量积

将矩阵 $\boldsymbol{A} \in \mathbb{R}^{m \times n}$ 用其行向量表述：

$$
\boldsymbol{A} = \begin{bmatrix} \boldsymbol{a}_1^{\mathrm{T}} \\ \boldsymbol{a}_2^{\mathrm{T}} \\ \vdots \\ \boldsymbol{a}_m^{\mathrm{T}} \end{bmatrix}
\tag{2-5}
$$

其中，每个 $\boldsymbol{a}_i^{\mathrm{T}} \in \mathbb{R}^n$ 都是行向量，表示矩阵的第 i 行。矩阵向量积 $\boldsymbol{Ax}$ 是一个长度为 m 的列向量，其第 i 个元素是点积 $\boldsymbol{a}_i^{\mathrm{T}}\boldsymbol{x}$：

$$
\boldsymbol{Ax} = \begin{bmatrix} \boldsymbol{a}_1^{\mathrm{T}} \\ \boldsymbol{a}_2^{\mathrm{T}} \\ \vdots \\ \boldsymbol{a}_m^{\mathrm{T}} \end{bmatrix} \boldsymbol{x} = \begin{bmatrix} \boldsymbol{a}_1^{\mathrm{T}}\boldsymbol{x} \\ \boldsymbol{a}_2^{\mathrm{T}}\boldsymbol{x} \\ \vdots \\ \boldsymbol{a}_m^{\mathrm{T}}\boldsymbol{x} \end{bmatrix}
\tag{2-6}
$$

这里，可以把矩阵 $\boldsymbol{A} \in \mathbb{R}^{m \times n}$ 乘法看作从 $\mathbb{R}^n$ 空间到 $\mathbb{R}^m$ 空间的向量的转换。

4）矩阵与矩阵相乘

设 $\boldsymbol{X} = (x_{ij})$ 是 $n \times l$ 矩阵，$\boldsymbol{Y} = (y_{ij})$ 是 $l \times m$ 矩阵，记 $\boldsymbol{Z} = \boldsymbol{XY}$，则 $\boldsymbol{Z} = (z_{ij})$ 是一个 $n \times m$ 矩阵，其中 $z_{ij} = x_{i1}y_{1j} + x_{i2}y_{2j} + \cdots + x_{il}y_{lj}$。注意：当且仅当 $\boldsymbol{X}$ 的列数与 $\boldsymbol{Y}$ 的行数相等时，才能进行 $\boldsymbol{XY}$ 运算，且一般 $\boldsymbol{XY} \neq \boldsymbol{YX}$，因此在矩阵相乘运算时需要特别注意矩阵相乘的顺序。

如前所述，可以把向量看作特殊的矩阵，因此无论是矩阵-向量积还是矩阵与矩阵相乘，都可归为矩阵的乘法。矩阵乘法的本质从不同应用场景、不同角度可以有不同解读。例如，从几何角度看，可以把矩阵乘法看作是空间变换，在矩阵-向量积或矩阵与矩阵相乘中，前面那个矩阵就是两个空间的变换规则，将后面的向量或矩阵（一系列行向量）变换到另一个空间；从操作数据的角度，矩阵乘法可以被看作是对数据进行某种组合或加权求和，例如在神经网络中，我们使用矩阵-向量积来描述在给定前一层的值时，求解神经网络每一层所需的复杂计算。

5）范数

下面分别介绍向量和矩阵的范数。

若 V 是数域 K 上的线性空间，对任意一个向量 $\boldsymbol{\alpha} \in V$，定义一个实值函数 $\|\boldsymbol{\alpha}\|$，如果 $\|\boldsymbol{\alpha}\|$ 同时满足：

（1）非负性：$\|\boldsymbol{\alpha}\| \geqslant 0$，等号当且仅当 $\boldsymbol{\alpha} = \boldsymbol{0}$ 时成立；

（2）齐次性：$\|\mu\boldsymbol{\alpha}\| = |\mu|\|\boldsymbol{\alpha}\|$，$\forall \mu \in K$；

（3）三角不等式：$\|\boldsymbol{\alpha}+\boldsymbol{\beta}\| \leqslant \|\boldsymbol{\alpha}\| + \|\boldsymbol{\beta}\|$，$\forall \boldsymbol{\alpha}, \boldsymbol{\beta} \in V$；

则 $\|\boldsymbol{\alpha}\|$ 称为 V 上 $\boldsymbol{\alpha}$ 的范数。

设 $\boldsymbol{\alpha}=[\alpha_1,\alpha_2,\cdots,\alpha_n]^{\mathrm{T}}\in\mathbb{C}^n$，则关于向量 $\boldsymbol{\alpha}$ 的几类常用范数有：

(1) 1-范数：$\|\boldsymbol{\alpha}\|_1=|\alpha_1|+|\alpha_2|+\cdots+|\alpha_n|$；

(2) 2-范数：$\|\boldsymbol{\alpha}\|_2=\sqrt{\alpha_1^2+\alpha_2^2+\cdots+\alpha_n^2}$；

(3) ∞-范数：$\|\boldsymbol{\alpha}\|_\infty=\max\{|\alpha_1|,|\alpha_2|,\cdots,|\alpha_n|\}$；

(4) p-范数：$\|\boldsymbol{\alpha}\|_p=\left(\sum\limits_{i=1}^n|\alpha_i|^p\right)^{1/p}$，$p\geqslant 1$。

设矩阵 $\boldsymbol{X},\boldsymbol{Y}\in\mathbb{C}^{n\times n}$，$\mu\in\mathbb{C}$，在 $\mathbb{C}^{n\times n}$ 上按某一法则定义一个关于 $\boldsymbol{X}$ 的实值函数，记为 $\|\boldsymbol{X}\|$，若 $\|\boldsymbol{X}\|$ 同时满足以下条件：

(1) 非负性：$\|\boldsymbol{X}\|\geqslant 0$，等号当且仅当 $\boldsymbol{X}=\boldsymbol{0}$ 时成立；

(2) 齐次性：$\|\mu\boldsymbol{X}\|=|\mu|\|\boldsymbol{X}\|$，$\forall\mu\in\mathbb{C}$；

(3) 三角不等式：$\|\boldsymbol{X}+\boldsymbol{Y}\|\leqslant\|\boldsymbol{X}\|+\|\boldsymbol{Y}\|$；

(4) 相容性：$\|\boldsymbol{XY}\|\leqslant\|\boldsymbol{X}\|\|\boldsymbol{Y}\|$；

则 $\|\boldsymbol{X}\|$ 称为矩阵范数。

设 $\boldsymbol{X}=(x_{ij})\in\mathbb{C}^{n\times n}$，则关于矩阵 $\boldsymbol{X}$ 的几种范数分别为

(1) Frobenius 范数（F-范数）：$\|\boldsymbol{X}\|_{\mathrm{F}}=\left(\sum\limits_{i,j=1}^n|x_{ij}|^2\right)^{1/2}=(\mathrm{tr}\boldsymbol{X}^{\mathrm{H}}\boldsymbol{X})^{1/2}$；

(2) 1-范数：$\|\boldsymbol{X}\|_1=\max\limits_j\sum\limits_{i=1}^n|x_{ij}|$；

(3) 2-范数：$\|\boldsymbol{X}\|_2=\sqrt{\lambda}$，其中 λ 为 $\boldsymbol{X}^{\mathrm{H}}\boldsymbol{X}$ 的最大特征值；

(4) ∞-范数：$\|\boldsymbol{X}\|_\infty=\max\limits_i\sum\limits_{j=1}^n|x_{ij}|$。

其中，$\boldsymbol{X}^{\mathrm{H}}$ 为 $\boldsymbol{X}$ 的共轭转置矩阵，$\mathrm{tr}\boldsymbol{X}^{\mathrm{H}}\boldsymbol{X}$ 是矩阵 $\boldsymbol{X}^{\mathrm{H}}\boldsymbol{X}$ 的迹，即其对角线元素之和。

4. 张量

如果说向量是标量的推广，矩阵是向量的推广，那么我们还可以构建具有更高维度的数据结构。张量是描述具有任意数量轴的 n 维数组的通用方法，向量是一阶张量，矩阵是二阶张量。张量用特殊字体的大写字母表示（如 $\boldsymbol{X}$、$\boldsymbol{Y}$ 和 $\boldsymbol{Z}$），它们的索引机制（如 x_{ijk}）与矩阵类似。

使用神经网络处理图片时，通常将多个图像一起处理，批量图像张量有四个维度：批量大小（batch size，B）为批量中的图像数，高度（height，H）为图像的垂直像素数，宽度（width，W）为图像的水平像素数，通道数（channels，C）为每个像素的颜色通道数。

例如，一批 64 张 32×32 的 RGB 彩色图像可以表示为一个形状为 $(B,H,W,C)=(64,32,32,3)$ 的张量。

张量的运算可以与矩阵的运算类比，包括张量之间的加减法、张量与标量的运算、张量乘法（如内积、外积）等，这里不再展开。此外，我们还可以对任意张量计算其元素的和。长度为 d 的向量中元素的总和可以记为 $\sum\limits_{i=1}^d x_i$。对于任意形状张量的元素和，例如，矩阵 $\boldsymbol{A}$ 中元素的和可以记为 $\sum\limits_{i=1}^m\sum\limits_{j=1}^n a_{ij}$。这种求和函数会沿所有的轴降低张量的维度，使它变为一个

标量。我们还可以指定张量沿哪一个轴来通过求和降低维度。张量元素求和是张量归一化、误差或损失函数计算等操作的基础。

另一种常用的运算是哈达玛积（Hadamard product，数学符号⊙）。对于矩阵 $\boldsymbol{A},\boldsymbol{B}\in\mathbb{R}^{m\times n}$，其中第 i 行第 j 列的元素分别为 a_{ij} 和 b_{ij}，哈达玛积为两个矩阵按元素相乘：

$$\boldsymbol{A}\odot\boldsymbol{B}=\begin{bmatrix} a_{11}b_{11} & a_{12}b_{12} & \cdots & a_{1n}b_{1n} \\ a_{21}b_{21} & a_{22}b_{22} & \cdots & a_{2n}b_{2n} \\ \vdots & \vdots & & \vdots \\ a_{m1}b_{m1} & a_{m2}b_{m2} & \cdots & a_{mn}b_{mn} \end{bmatrix} \tag{2-7}$$

2.2.3 微积分

微积分在人工智能中广泛应用，其核心作用之一为优化和训练模型。神经网络训练过程中的反向传播算法是一个典型应用，通过计算损失函数相对于权重的梯度，微积分帮助我们找到损失函数的最小值，从而优化模型参数。此外，微积分在理解和设计连续变化系统方面也发挥着重要作用，例如，在强化学习中，微积分用于描述和优化策略的期望回报。

1. 导数与微分

我们先讨论导数的计算，这是几乎所有深度学习优化算法的关键步骤。在深度学习中，我们通常选择对于模型参数可微的损失函数。简而言之，对于每个参数，如果我们把这个参数增加或减少一个无穷小的量，可以知道损失会以多快的速度增加或减少。假设有一个函数 $f:\mathbb{R}\to\mathbb{R}$，其输入和输出都是标量。如果 f 的导数存在，这个极限被定义为

$$f'(x)=\lim_{h\to 0}\frac{f(x+h)-f(x)}{h} \tag{2-8}$$

如果 $f'(a)$ 存在，则称 f 在 a 处是可微的（differentiable）。如果 f 在一个区间内的每个数上都是可微的，则此函数在此区间内是可微的。我们可以将式(2-8)中的导数 $f'(x)$ 解释为 $f(x)$ 相对于 x 的瞬时变化率。所谓瞬时变化率是基于 x 中的变化 h，且 h 趋近 0。

导数有几个等价的符号。给定 $y=f(x)$，其中 x 和 y 分别是函数 f 的自变量和因变量，以下表达式是等价的：

$$f'(x)=y'=\frac{\mathrm{d}y}{\mathrm{d}x}=\frac{\mathrm{d}f}{\mathrm{d}x}=\frac{\mathrm{d}}{\mathrm{d}x}f(x)=\mathrm{D}f(x)=\mathrm{D}_x f(x) \tag{2-9}$$

2. 偏导数

在深度学习中，函数通常依赖许多变量。因此，我们需要将微分的思想推广到多元函数（multivariate function）上。设 $y=f(x_1,x_2,\cdots,x_n)$ 是一个具有 n 个变量的函数。y 关于第 i 个参数 x_i 的偏导数（partial derivative）为

$$\frac{\partial y}{\partial x_i}=\lim_{h\to 0}\frac{f(x_1,\cdots,x_{i-1},x_i+h,x_{i+1},\cdots,x_n)-f(x_1,\cdots,x_{i-1},x_i,x_{i+1},\cdots,x_n)}{h}$$

$$\tag{2-10}$$

为了计算它，我们可以简单地将 $x_1,\cdots,x_{i-1},x_{i+1},\cdots,x_n$ 看作常数，并计算 y 关于 x_i 的导数。对于偏导数，以下表示是等价的：

$$\frac{\partial y}{\partial x_i}=\frac{\partial f}{\partial x_i}=f_{x_i}=f_i=\mathrm{D}_i f=\mathrm{D}_{x_i}f \tag{2-11}$$

需要注意的是,作为几乎所有深度学习优化算法的关键步骤,求导的计算虽然原理上很简单,只需要一些基本的微积分知识,但对于复杂的模型手动进行更新是烦琐的,且经常容易出错。深度学习框架通过自动计算导数,即自动微分(automatic differentiation)来加快求导。实践中,根据设计好的模型,系统会构建一个计算图(computational graph),来跟踪计算是哪些数据通过哪些操作组合起来产生输出。自动微分使系统能够在反向传播中跟踪整个计算图,高效计算每个参数的偏导数。

3. 梯度

基于一个多元函数对其所有变量的偏导数,可以得到梯度(gradient)向量。具体而言,设函数 $f: \mathbb{R} \rightarrow \mathbb{R}$ 的输入是一个 n 维向量 $\boldsymbol{x} = [x_1, x_2, \cdots, x_n]^{\mathrm{T}}$,输出是一个标量。函数 $f(\boldsymbol{x})$ 相对于 $\boldsymbol{x}$ 的梯度是一个包含 n 个偏导数的向量:

$$\nabla_x f(x) = \left[\frac{\partial f(x)}{\partial x_1}, \frac{\partial f(x)}{\partial x_2}, \cdots, \frac{\partial f(x)}{\partial x_n}\right]^{\mathrm{T}} \tag{2-12}$$

其中,$\nabla_x f(x)$ 在没有歧义时可以简写为 $\nabla f(x)$。

假设 $\boldsymbol{x}$ 为 n 维向量,在对多元函数求微分时经常使用以下规则:

- 对于所有 $\boldsymbol{A} \in \mathbb{R}^{m \times n}$,都有 $\nabla_x \boldsymbol{A} \boldsymbol{x} = \boldsymbol{A}^{\mathrm{T}}$;
- 对于所有 $\boldsymbol{A} \in \mathbb{R}^{n \times m}$,都有 $\nabla_x \boldsymbol{x}^{\mathrm{T}} \boldsymbol{A} = \boldsymbol{A}$;
- 对于所有 $\boldsymbol{A} \in \mathbb{R}^{n \times n}$,都有 $\nabla_x \boldsymbol{x}^{\mathrm{T}} \boldsymbol{A} \boldsymbol{x} = (\boldsymbol{A} + \boldsymbol{A}^{\mathrm{T}}) \boldsymbol{x}$;
- $\nabla_x \| \boldsymbol{x} \|^2 = \nabla_x \boldsymbol{x}^{\mathrm{T}} \boldsymbol{x} = 2 \boldsymbol{x}$。

同样,对于任何矩阵 $\boldsymbol{X}$,都有 $\nabla_x \| \boldsymbol{X} \|_{\mathrm{F}}^2 = 2 \boldsymbol{X}$。梯度对于优化问题非常重要,在机器学习和深度学习中都有重要应用。

4. 链式法则

多元函数通常是复合的,需要用链式法则来对复合函数求微分。

我们先考虑单变量函数。假设函数 $y = f(u)$ 和 $u = g(x)$ 都是可微的,根据链式法则得

$$\frac{\mathrm{d}y}{\mathrm{d}x} = \frac{\mathrm{d}y}{\mathrm{d}u} \frac{\mathrm{d}u}{\mathrm{d}x} \tag{2-13}$$

更一般地,假设可微函数 y 有变量 $u_1, u_2, \cdots, u_m$,其中每个可微函数 u_i 都有变量 $x_1, x_2, \cdots, x_n$,则 y 是 $x_1, x_2, \cdots, x_n$ 的函数。对于任意 $i = 1, 2, \cdots, n$,链式法则给出:

$$\frac{\mathrm{d}y}{\mathrm{d}x_i} = \frac{\mathrm{d}y}{\mathrm{d}u_1} \frac{\mathrm{d}u_1}{\mathrm{d}x_i} + \frac{\mathrm{d}y}{\mathrm{d}u_2} \frac{\mathrm{d}u_2}{\mathrm{d}x_i} + \cdots + \frac{\mathrm{d}y}{\mathrm{d}u_m} \frac{\mathrm{d}u_m}{\mathrm{d}x_i} \tag{2-14}$$

2.3　概率基础

人工智能的概率基础是其处理不确定性和复杂环境的重要支柱。概率论提供了一套工具,用于量化不确定性和进行推理,使得人工智能系统能够在不完全或噪声数据下进行合理的决策和预测。通过概率,人工智能能够更有效地处理现实世界中常见的不确定性和变动。

本节主要介绍不确定性的量化和概率推理基础。

不确定性的量化是概率论在人工智能中的一个核心应用。在现实世界中,知识和数据往往是不完整和不确定的,传统的确定性方法无法有效应对这一挑战。概率论通过概率分

布、随机变量和期望值等概念,量化了这种不确定性。比如,在医学诊断系统中,概率可以用来表示某种症状对应某种疾病的可能性,从而帮助系统在面对模糊或不完全信息时做出更为准确的诊断。

概率推理是概率论在人工智能中的另一关键应用,它使系统能够在不确定环境下进行推断和决策。贝叶斯推理是概率推理的一种重要方法,通过贝叶斯法则,结合先验知识和新证据,更新对事件的概率评估。这在机器学习、自然语言处理和计算机视觉等领域中有着广泛的应用。

2.3.1　不确定性的量化

概率描述的是不同情况发生的可能性。在概率论中,这些可能性被量化并用于评估各种情境的概率大小。换句话说,概率提供了一种度量,用于衡量不同情况在多大程度上可能出现。假设一台机器可能会生产出次品零件,我们定义命题 B:"零件为次品"。在逻辑上,这些命题要么为真,要么为假,即对于某个特定的零件,它要么为次品,要么不是。然而,在实际操作中,我们会使用概率来描述这些事件的发生可能性,例如:机器生产的零件为次品的概率为 0.001。

概率是度量某个事件发生可能性的数值,常用符号 $P(X)$ 表示事件 X 发生的概率。概率的基本性质包括:

(1) 非负性:对任意事件 X,其概率满足 $0 \leqslant P(X) \leqslant 1$;

(2) 规范性:整个样本空间 Ω 的概率为 1,即 $P(\Omega)=1$;

(3) 可加性:如果 X 和 Y 是互斥事件,则 $P(X \cup Y)=P(X)+P(Y)$。

概率往往不是关于单个特定的可能情况,而是关于多种情况的集合。例如我们可能想知道两个不同零件都为次品的概率。在概率论中,这些集合被称为事件。

在逻辑学中,一组可能情况的集合对应形式语言中的一个命题;对于每个命题,对应的集合只包含该命题成立的可能情况。"事件"和"命题"在这个背景下意思大体相同,只不过命题是用形式语言表达的。在 2.1 节中,我们用产生式表达不确定性事实和规则时,用可信度体现命题成立的不确定性。命题的概率被定义为使它成立的不同情况的概率之和,对任意命题 X:

$$P(X) = \sum_{\omega \in X} P(\omega) \tag{2-15}$$

一般地,我们将 $P(X)$ 和 $P(\omega)$ 这样的概率称为无条件概率(unconditional probability)或者先验概率(prior probability),它们指无任何其他信息下的概率。但大多数情况下,我们会有一些其他的已知信息 Y。在这种情况下,我们感兴趣的不是 $P(X)$ 的先验概率,而是给定 Y 的前提下 X 的条件概率(conditional probability)或者后验概率(posterior probability)。这个概率写作 $P(X \mid Y)$,这里"$\mid$"读作"给定"。

在数学上,条件概率是利用如下无条件概率定义的:对任意命题 X 和 Y,

$$P(X \mid Y) = \frac{P(X \wedge Y)}{P(Y)} \tag{2-16}$$

当 $P(Y)>0$ 时成立。

例如,令 $X=A$ 表示"检测为次品",$Y=B$ 表示"零件为次品",则 $P(A \mid B)$ 为

$$P(检测为次品 \mid 零件为次品) = \frac{P(检测为次品 \wedge 零件为次品)}{P(零件为次品)}$$

这里 $P(A|B)$ 表示的是,如果零件确实有缺陷,检测结果为有缺陷的概率,即所用检测手段的准确率或灵敏度。

条件概率的定义式(2-16)还可以写成乘积法则(product rule)形式:

$$P(X \wedge Y) = P(X \mid Y)P(Y) \tag{2-17}$$

这可以理解为:为了使得 X 和 Y 都为真,我们需要 Y 为真,同时在给定 Y 的前提下 X 也为真。

2.3.2 概率推理基础

1. 基于完全联合分布的概率推断

在概率论中,完全联合分布(joint distribution)是描述多个随机变量之间所有可能关系的概率分布。它为我们提供了关于这些变量如何相互关联的全面信息。理解完全联合分布对于进行复杂的概率推断至关重要,因为它允许我们从整体上把握随机变量之间的依赖关系。这使得我们能够计算条件概率、边际概率等其他概率分布,并且能够进行复杂的推理和决策分析。在实际应用中,完全联合分布为分析变量之间的关系提供了必要的数据基础。例如,在医疗诊断中,我们可能需要考虑患者的症状和疾病的关系。如果有两个随机变量,一个是患者是否有特定疾病(如感冒),另一个是患者是否有某种症状(如咳嗽),我们可以使用完全联合分布来描述这些变量的联合行为。通过这种方式,我们可以了解特定症状和疾病之间的关系,从而更好地进行疾病预测和诊断。

具体地,完全联合分布是多个随机变量的联合概率分布,表示所有这些变量取某些特定值的概率。对于一组随机变量 $X_1, X_2, \cdots, X_n$,完全联合分布 $P(X_1, X_2, \cdots, X_n)$ 给出了这些变量同时取某些值的概率。例如,如果有两个随机变量 X 和 Y,假设 X 表示患者是否有某种疾病(1 表示有,0 表示没有),Y 表示患者是否出现某种症状(1 表示有,0 表示没有)。完全联合分布 $P(X, Y)$ 就是 X 和 Y 同时取某些值的概率分布,见表 2-1。

表 2-1 某种疾病 X 和某种症状 Y 的完全联合分布

$P(X, Y)$	$Y = 1$	$Y = 0$
$X = 1$	0.3	0.1
$X = 0$	0.1	0.5

基于完全联合概率分布,有两个常见的任务:求边际概率和条件概率。例如,把表 2-1 中的第一行相加,即可得到患者得病的无条件概率,即边际概率(marginal probability):

$$P(X = 1) = P(X = 1, Y = 1) + P(X = 1, Y = 0) = 0.3 + 0.1 = 0.4$$

这个过程被称为边缘化(marginalization)或者求和消元(summing out),因为我们把其他变量的每个可能的值的概率相加,从而把它们从等式中消除了。对于任何变量集合 X 和 Y,我们可以写出如下一般边缘化规则:

$$P(X) = \sum_y P(X, Y = y) \tag{2-18}$$

其中,$\sum_y$ 表示将变量集合 Y 的所有可能值组合求和。

通常我们可以把式中的 $P(X, Y = y)$ 缩写成 $P(X, y)$。这里 $P(X, y)$ 即 $P(X \wedge y)$。

再基于乘积法则计算,用 $P(X|y)P(y)$ 代替 $P(X,y)$,得到如下条件化(conditioning)规则:

$$P(X) = \sum_y P(X \mid y)P(y) \tag{2-19}$$

例如,给定患者有该症状,则其患病的概率为

$$P(X=1 \mid Y=1) = \frac{P(X=1 \wedge Y=1)}{P(Y=1)} = \frac{0.3}{0.3+0.1} = 0.75 \tag{2-20}$$

类似地,给定患者有该症状,则其没有患病的概率为

$$P(X=0 \mid Y=1) = \frac{P(X=0 \wedge Y=1)}{P(Y=1)} = \frac{0.1}{0.3+0.1} = 0.25 \tag{2-21}$$

这两个值的和为1,也应当为1。

可以看出,完全联合分布可以作为我们进行概率推断的"知识库",给定要处理的完全联合分布,就可以进行离散变量的概率查询。然而,它不能很好地扩展到大规模问题上。对于一个由 n 个布尔变量描述的域,它需要一个 $O(2^n)$ 大小的输入表,并要花费 $O(2^n)$ 的时间去处理这个表。当 $n=100$ 时,表的条目达到 $2^{100} \approx 10^{30}$ 个,涉及的存储和计算都是难以接受的。更困难的是,要从统计样例中分别估计这 10^{30} 个概率所需的样例数量是极大的。因此,表形式的完全联合分布不是构建推理系统的实用工具,这里仅仅作为理论基础进行介绍,实际应用中通常采用更高效的方法。

2. 贝叶斯法则

乘积法则可以写成两种形式:

$$P(X \wedge Y) = P(X \mid Y)P(Y), \quad P(X \wedge Y) = P(Y \mid X)P(X) \tag{2-22}$$

联立两式右侧,除以 $P(Y)$,得

$$P(X \mid Y) = \frac{P(Y \mid X)P(X)}{P(Y)} \tag{2-23}$$

此即贝叶斯法则(Bayes's rule),也称贝叶斯定律或贝叶斯定理。贝叶斯法则是概率论中的一个重要定理,它描述了条件概率之间的关系。该法则在统计学、人工智能、决策分析、医学诊断等众多领域都有广泛的应用。我们将 $P(Y)$ 称为先验概率,$P(X|Y)$ 为后验概率,$P(Y|X)P(X)$ 为可能性函数。

贝叶斯法则允许我们在获得新的证据(即事件 Y 发生)后,更新我们对某一假设(即事件 X)的推断。这是通过结合先验概率和新的证据(可能性函数)来实现的,最终得到后验概率(即更新后的概率)。这种更新机制是理性和科学的,有助于我们根据新信息做出更准确的判断。

仍然以零件检测的例子来说明。已知零件次品率为 $P(B)=0.001$,假设现有的检测手段的灵敏度较高,当零件确实为次品时,检测出来的概率为 95%(即 $P(A|B)=0.95$)。然而,这种检测手段也存在一定的误判率,即将好零件误判为次品的概率为 1%(即 $P(A|\neg B)=0.01$,其中 $\neg B$ 表示零件不是次品,即好零件)。那么,在给定检测结果为次品的情况下,零件确实为次品的概率 $P(B|A)$ 是多少?

要使用贝叶斯法则计算后验概率 $P(B|A)$,首先计算事件 A(检测为次品)的总概率 $P(A)$,这可以通过全概率公式得到:

$$P(A) = P(B)P(A \mid B) + P(\neg B)P(A \mid \neg B) \tag{2-24}$$

其中,$P(\neg B) = 1 - P(B) = 0.999$,代入可得 $P(A) = 0.001 \times 0.95 + 0.999 \times 0.01 = 0.01094$。

进一步,根据贝叶斯法则,得

$$P(B \mid A) = \frac{P(A \mid B)P(B)}{P(A)} = \frac{0.95 \times 0.001}{0.01094} \approx 0.0868 \tag{2-25}$$

反直觉的是,即使我们的检测准确率已经达到了 95%,计算结果显示,当检测结果为次品时,零件真的为次品的概率也只有 8.68%。这是因为检测结果为次品的先验概率 $P(A)$(任何原因导致的)比零件为次品的先验概率 $P(B)$ 高得多。因此,当零件被检测出为次品时,通常需要进行进一步的复检或采用更精确的检测手段来确认。

当然,实际生产过程中,如果设备状态长期保持稳定,我们可以直接统计出每 100 个检测结果为次品的零件中,有约 9 个零件真的为次品,此时我们不需要使用贝叶斯法则。然而,如果机器突然出现问题,生产的次品率突然变高,即零件为次品的先验概率 $P(B)$ 升高,我们将不知道如何更新由之前检测结果统计得到的概率值。但仍然可以通过贝叶斯法则,根据其他三个概率来计算 $P(B|A)$,此时我们能够发现 $P(B|A)$ 随着 $P(B)$ 的升高而升高。最重要的是,因果信息 $P(A|B)$ 不受机器状态的影响,因为它仅仅反映了检测手段的工作方式。这种直接因果或基于模型的知识,提供了使概率系统在真实世界中可行所需的关键的鲁棒性。

3. 朴素贝叶斯模型

朴素贝叶斯模型(naive Bayes model)是一种基于贝叶斯定理的分类算法,它假设特征之间是条件独立的。尽管这种假设在许多实际问题中并不完全成立,但朴素贝叶斯模型仍然在许多应用中表现出良好的效果,如垃圾邮件过滤、情感分析等。

朴素贝叶斯模型基于贝叶斯定理,公式如下:

$$P(C_k \mid X_1, X_2, \cdots, X_n) = \frac{P(C_k) \cdot P(X_1, X_2, \cdots, X_n \mid C_k)}{P(X_1, X_2, \cdots, X_n)} \tag{2-26}$$

其中,$P(C_k|X_1, X_2, \cdots, X_n)$ 是在给定特征 $X_1, X_2, \cdots, X_n$ 的情况下,属于类别 C_k 的后验概率;$P(C_k)$ 是类别 C_k 的先验概率;$P(X_1, X_2, \cdots, X_n|C_k)$ 是在类别 C_k 下特征的联合概率;$P(X_1, X_2, \cdots, X_n)$ 是所有样本的边际概率。

在朴素贝叶斯模型中,假设特征 $X_1, X_2, \cdots, X_n$ 之间是条件独立的,因此

$$P(X_1, X_2, \cdots, X_n \mid C_k) = \prod_{i=1}^{n} P(X_i \mid C_k) \tag{2-27}$$

这使得朴素贝叶斯模型的计算变得更加简单,即给定特征的情况下每个类别的后验概率

$$P(C_k \mid X_1, X_2, \cdots, X_n) = \frac{P(C_k) \cdot \prod_{i=1}^{n} P(X_i \mid C_k)}{P(X_1, X_2, \cdots, X_n)} \tag{2-28}$$

由于分母 $P(X_1, X_2, \cdots, X_n)$ 是常数,在分类时可以忽略,此时直接将样本分类为具有最大后验概率的类别

$$\hat{C} = \underset{C_k}{\arg\max} \left(P(C_k) \cdot \prod_{i=1}^{n} P(X_i \mid C_k) \right) \tag{2-29}$$

例如,将朴素贝叶斯模型应用到文本分类(text classification)任务中:给定一个文本,判断

它属于预先定义的类别集合中的哪个。具体地,如我们需要判断文本属于工业、体育、天气、金融等哪个类别。为了实现这个目的,我们首先根据已有的数据集计算不同类别中的文章数量占比,即得到每个类别的先验概率;然后在每个类别中,计算不同词汇出现的概率,即这些词汇出现的条件概率。例如,假设训练数据集中,工业类别文章的概率为 $P(\text{工业})=0.1$,体育类别的文章概率为 $P(\text{体育})=0.08$。

若我们根据文本中的以下句子判断它们的类别,A:"新设备提高了工厂的效率",那么我们需确定文本中包含哪些词语,再查找这些词语在不同类别中出现的条件概率。例如,A句子中,主要词汇可能包括:{工厂,新设备,提高,效率}。假设这些词汇在已有数据集的工业和体育两个分类中出现的条件概率为

$$P(\text{工厂}\mid\text{工业})=0.3,\quad P(\text{新设备}\mid\text{工业})=0.2,\quad P(\text{提高}\mid\text{工业})=0.1,$$
$$P(\text{效率}\mid\text{工业})=0.2;$$
$$P(\text{工厂}\mid\text{体育})=0.01,\quad P(\text{新设备}\mid\text{体育})=0.05,\quad P(\text{提高}\mid\text{体育})=0.2,$$
$$P(\text{效率}\mid\text{体育})=0.1$$

那么,句子 A:"新设备提高了工厂的效率"属于不同类别的概率为

$$P(\text{工业}\mid A)\propto P(\text{工业})\times P(\text{工厂}\mid\text{工业})\times P(\text{新设备}\mid\text{工业})\times P(\text{提高}\mid\text{工业})\times$$
$$P(\text{效率}\mid\text{工业})=0.1\times0.3\times0.2\times0.1\times0.2=0.000\,12$$
$$P(\text{体育}\mid A)\propto P(\text{体育})\times P(\text{工厂}\mid\text{体育})\times P(\text{新设备}\mid\text{体育})\times P(\text{提高}\mid\text{体育})\times$$
$$P(\text{效率}\mid\text{体育})=0.08\times0.01\times0.05\times0.2\times0.1=0.000\,000\,8$$

因此,句子 A:"新设备提高了工厂的效率"应该被分类到工业类别的文本。

朴素贝叶斯模型假设词语在文章中的出现是独立的,出现频率仅由文章的类别决定。这一假设虽然在实际应用中不完全准确,但在很多情况下仍能提供有效的分类结果。例如,词语"动力系统"在工业类别的文章中出现的概率可能远高于单词"动力"和"系统"独立出现概率的乘积。独立性假设的偏差通常会导致后验概率比实际情况更接近 0 或 1,即模型对预测的自信度过高。然而,即使存在这种偏差,朴素贝叶斯模型在实际应用中对于可能类别的排序仍然相当准确。

朴素贝叶斯模型广泛应用于语言测定、文档检索、垃圾邮件过滤和其他分类任务。对于像医学诊断这样的任务,后验概率的实际值很重要,为此我们需要更复杂和精确的模型,本书不再展开介绍。

2.4 本章小结

本章介绍了人工智能所需的三个方面的数学基础:逻辑、计算和概率。

现代逻辑学是用数学(符号化、公理化、形式化)的方法研究人类思维规律的科学,用数理逻辑作为知识表示工具被广为接受。本章首先介绍了命题逻辑、谓词逻辑、知识的产生式表示和知识的结构化表示等知识表示方法,然后介绍了针对产生式表示法的确定性推理和不确定性推理方法。

在计算基础方面,本章首先讨论了算法的计算复杂性问题,然后介绍了人工智能计算中需要用到的一些线性代数和微积分知识,包括线性代数中的向量、矩阵、张量及其运算,以及微积分中的导数与微分、梯度、链式法则等基础知识。

由于真实世界中广泛存在的部分可观测性、非确定性和干扰因素,人工智能需要处理不确定性。如果说逻辑是对确定性情况的断言,概率则是关于可能情况的断言。本章介绍了基本概率记号、贝叶斯法则、基于完全联合分布的概率推断、朴素贝叶斯模型等基础知识。

习题

1. 简述数学对人工智能发展的重要性。
2. 现代逻辑学主要通过哪些数学形式研究人类思维规律?
3. 传统的知识表示方法有哪些?
4. 确定性推理和不确定性推理的主要区别是什么?
5. 试说明向量、矩阵、张量的区别。
6. 梯度是标量还是向量?试讨论梯度在求函数极值问题中的意义。
7. 什么是条件概率、乘积法则?
8. 什么是后验概率,什么是贝叶斯法则?举例说明贝叶斯法则在生活中的应用。
9. 试计算 2.3.2 节中,零件采用相同检测手段复检结果仍为次品时,零件为次品的概率。

参考文献

[1] RUSSELL S,NORVIG P. 人工智能现代方法[M]. 4 版. 张博雅,陈坤,等译. 北京:中国工信出版社,2023.
[2] 李德毅. 人工智能导论[M]. 北京:中国科学技术出版社,2018.
[3] 宋永端. 人工智能基础及应用[M]. 北京:清华大学出版社,2021.
[4] 谷宇. 人工智能基础[M]. 北京:机械工业出版社,2022.
[5] POST E L. Finite combinatory processes—formulation1[J]. The Journal of Symbolic Logic,1936,1(3):103-105.
[6] SIMON H A,NEWELL A. Human problem solving:The state of the theory in 1970[J]. American Psychologist,1971,26(2):145.
[7] 陈帅均. 基于专家系统的飞行器评估系统研究[D]. 成都:中国科学院研究生院(光电技术研究所),2024.
[8] MINSKY M. A framework for representing knowledge[M]. Cambridge:The MIT Press,1974.
[9] QUILLIAN M R. Semantic memory[M]. Bedford:Air Force Cambridge Research Laboratories,Office of Aerospace Research,United States Air Force,1966.
[10] 王凌. 车间调度及其遗传算法[M]. 北京:清华大学出版社,2003.
[11] 阿斯顿·张,李沐. 动手学深度学习(PyTorch 版)[M]. 北京:中国工信出版社,人民邮电出版社,2023.
[12] 同济大学数学系. 工程数学线性代数[M]. 6 版. 北京:高等教育出版社,2014.
[13] 同济大学数学系. 高等数学[M]. 7 版. 北京:高等教育出版社,2014.
[14] 原创力文档. 贝叶斯公式应用案例[Z/OL]. (2020-10-20)[2024-08-01]. https://max.book118.com/html/2020/1020/6223055134003011.shtm.
[15] 盛骤,谢式千,潘承毅. 概率论与数理统计[M]. 5 版. 北京:高等教育出版社,2020.

第3章

群智能算法

人工智能所模拟的智能不仅来自人类，也受到更广泛的自然界和生物界的启发。其中，科学家通过模拟自然界的种群进化、鸟群觅食、蚂蚁搬家、蜜蜂筑巢等行为发展出了若干种智能优化算法，如遗传算法、粒子群优化算法、蚁群算法等，本书将其统称为群智能算法（swarm intelligence，SI）。

群智能算法通过模拟自然界种群的行为来解决、优化复杂的问题，特别是对于一些非线性、多维的复杂问题，可以在可接受的时间内求解出可以接受的解，这在智能制造等许多领域中得到广泛应用。本章将介绍遗传算法、粒子群优化算法、蚁群算法的基本原理和步骤。

3.1　群智能算法概述

在第2章中，我们以产生式表示方法为例介绍了推理方法，适用于拥有准确信息和专业知识，能够结合简单推理进行求解的问题，这在基于规则的专家系统中广泛应用。然而，对于复杂的或信息不完整的问题，通过探索可能的解空间来寻找可接受的解决方案则可能是更合适的方法。除了2.2.1节中提到的旅行商问题，制造领域中也广泛存在这类复杂问题，如车间调度问题从计算时间复杂度上看也是 NP-hard 问题。生产调度一般指在约束条件下，通过安排资源、加工时间以及加工次序，获得产品制造时间或成本等的优化。

1. 搜索求解策略

搜索是解决复杂问题的基本策略之一，可以分为盲目搜索和启发式搜索两大类。盲目搜索也称为无信息搜索或系统搜索，指在没有额外信息引导的情况下，通过系统地探索所有可能的状态来寻找解决方案。启发式搜索利用额外的一些启发信息（启发式函数）来引导搜索过程，使得搜索更加高效。在实际应用中，如何选择合适的搜索策略取决于问题的具体特点和约束条件。对于复杂问题，启发式搜索一般要优于盲目搜索。进一步，不同于启发式算法一般应用于特定问题、针对性强，元启发式算法是一类高层次的、通用性的启发式方法。

我们可以通过一个迷宫的类比来深入浅出地解释不同搜索算法的基本思路。想象我们站在一个迷宫的入口，目标是找到通向出口的路径。我们没有迷宫的地图，也不知道出口在哪里。

盲目搜索方法不依赖于任何额外信息，而是通过系统地探索所有可能的路径来找到出口。例如，我们可以从迷宫的入口开始，依次探索每一个可能的方向，并记录走过的路径。

接着,我们从刚才探索过的所有路径的末端继续向外探索,逐步扩展搜索范围,直到找到出口。每一步都尽可能覆盖最广的范围,最终能保证找到最短路径,但可能非常耗时和占用大量内存,这就是宽度优先搜索。又比如,我们从入口出发,一直走到不能走为止,然后回溯到上一个分叉点,再试另一条路径,重复此过程直到找到出口,这就是深度优先搜索。

启发式搜索利用一些额外的信息或经验来引导搜索过程,使其更加高效。例如,我们在迷宫里每一步都选择看起来离出口最近的方向前进,比如根据直觉认为出口在北方,就一直向北走,这是贪心最佳优先搜索。这样我们可以基于启发式信息快速前进,但不能保证找到最优路径,可能会被误导。另一种策略是,我们不仅考虑当前位置预计离出口的直线距离,还考虑走过的路径长度,每一步都选择总距离(已走路径＋估计剩余距离)最短的方向前进,这就是 A^* 算法,这种方式综合考虑已走路径和未来路径,启发式信息有效时能找到最优解。

2. 群智能算法

本章的主角——群智能算法则属于元启发式算法,这类算法旨在设计启发式算法或应用于广泛的问题,具有全局搜索能力和适应性。

群智能算法受到自然界和生物界的启发,实际上提供了一个探索解空间、找到高质量解的框架。群智能算法把生物种群中的每个个体看作状态空间中的一个解,算法的核心在于模拟自然界中群体行为的协作和优化机制,以此定义个体之间如何进行相互作用或信息共享的规则,从而影响我们在解空间中的搜索方式,通过不断迭代和优化,群体最终找到全局最优解。通俗地讲,这些算法就像是自然界中的鸟群、蚁群或生物种群,通过交流、合作或进化,最终在复杂的环境中找到最佳解决方案。

作为人工智能的一个重要领域,群智能算法因其智能性、并行性和鲁棒性,具有很好的自适应能力和很强的全局搜索能力,得到了众多研究者的广泛关注。目前群智能算法已经在算法理论和算法性能方面取得了很多突破性的进展,并且已经被广泛应用于组合优化、机器学习、智能控制、模式识别、规划设计、网络安全等各种领域,在科学研究和生产实践中发挥着重要的作用。在智能制造领域,群智能算法广泛应用于工艺优化、生产调度、质量控制和供应链管理等各个方面。

需要注意的是,遗传算法、粒子群优化算法、蚁群算法等群智能算法都是基于种群的方法,且种群中的个体之间、个体与环境之间存在相互作用。然而,遗传算法等进化算法强调种群的达尔文主义的进化模型,而粒子群优化算法、蚁群算法等方法则注重对群体中个体之间的相互作用与分布式协同的模拟,因此,也有文献将这两类算法归为不同类别。本书不作详细区分,将这些方法统称为群智能算法。考虑群智能算法原理的相似性及篇幅原因,本章重点介绍遗传算法,其他算法仅作简要介绍。

3.2　遗传算法

遗传算法(genetic algorithms,GA)最早由 John Holland 根据大自然中生物体进化规律于 1975 年设计提出。1989 年,Goldberg 对遗传算法进行了全面系统的总结,给各种遗传算法提供了一个基本框架。

3.2.1　遗传算法的基本原理

遗传算法是根据生物的遗传进化过程抽象、简化设计而来的。生物种群由多个个体组成,每个个体都有其独特的染色体和基因组,基因组包含影响个体特性的基因序列。个体在环境中生存和繁殖能力不同,竞争过程遵循"物竞天择,适者生存"的基本规律,适应环境的个体有更高的生存和繁殖概率,这一过程称为自然选择。个体通过繁殖将其基因传给下一代,子代个体的基因组由父代个体的基因组通过交叉和重组产生。基因突变是遗传的随机变化,变异提供了种群基因多样性,使得种群能够适应环境变化。

遗传算法通过模拟上述生物遗传进化过程来进行搜索和优化。算法将每个潜在解表示为一个染色体(或个体),通常使用二进制字符串、实数向量或其他合适的编码方式来表示解的参数,由此可以随机生成一个初始种群,每个个体(染色体)代表一个可能的解。定义适应度函数来评估每个个体的优劣,适应度值越高表示个体越优。这里的适应度函数对应要求解的实际问题,与我们要优化的目标直接相关。根据个体的适应度值选择出一些优良个体作为父代,通过选择、交叉和变异操作,群体中的个体不断进化,产生更优的解。交叉模拟生物的遗传重组,通过交换父代个体的部分基因片段生成新的子代个体;变异模拟基因突变,通过随机改变个体基因片段来引入多样性,防止种群陷入局部最优。通过多次迭代,重复适应度评估和选择等操作,直到达到预定的世代数、适应度不再显著提高或找到满意的解。

3.2.2　遗传算法的一般步骤

基于对生物遗传与进化机制的模拟,科学家设计了不同的编码方式和遗传算子,从而产生不同的遗传算法,但其基本框架是相似的。其核心是通过对生物遗传和进化过程中选择、交叉、变异机理的模仿,来完成对问题最优解的自适应搜索过程。

遗传算法的一般步骤如下:

步骤1:针对所求问题进行参数编码。

步骤2:按照一定方法初始化种群 $p(t),t=0$。

步骤3:按照一定的适应度函数对种群中的每个个体计算适应度值。

步骤4:判断是否满足停止条件(如达到最大迭代次数或适应度收敛),是则算法停止,输出最优解;否则继续步骤5。

步骤5:按照一定方法从种群中随机选择一些染色体。

步骤6:按照一定方法进行交叉产生一些新的染色体。

步骤7:按照一定方法进行变异产生一些新的染色体,产生子群 $c(t)$。

步骤8:令 $p(t)=c(t),t=t+1$,转到步骤3。

遗传算法的基本流程如图3-1所示。

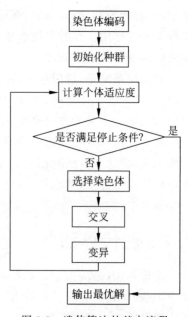

图3-1　遗传算法的基本流程

可以看出,遗传算法中包含 6 个基本要素:编码、群体设定、适应度函数、选择、交叉、变异。下面分别解释各主要步骤。

1. 编码

对遗传算法进行优化求解,首先要将搜索空间中的解转换成种群中的染色体或个体,即编码。当然,最终优化得到满足要求的个体后,再将个体转换成搜索空间中的解,即解码。编码过程需确保能够完整地表达问题的解空间,同时保证染色体的合法性、可行性和有效性。染色体的编码方式对求解速度和计算精度有直接影响,合理的编码方法还有助于在后续的遗传操作中生成可行解,从而提高算法的执行效率。因此,编码对遗传算法的整体性能至关重要。

二进制编码是最早和最常用的编码方法之一。它使用二进制字符串(即由 0 和 1 组成的序列)来表示个体或解。实数编码直接用实数向量表示个体或解,它特别适合连续优化问题,避免了二进制编码在表示实数时的精度问题。

我们能够通过编码将各种问题的解表示为染色体的码串,这使得遗传算法能够广泛适用于各种领域,无论是数学优化问题还是实际应用问题。例如,假设我们要优化一个在区间 [1,9] 内定义的函数,并且希望精度达到 0.01。为了将解表示为二进制码串,我们首先需要确定表示解的二进制串的长度。区间 [1,9] 可以划分为 800 个离散点(8/0.01=800)。根据 $\log_2 800 \approx 9.64$,我们需要 10 位二进制位来表示每一个解。比如,二进制串"0101100101"可以被解码为

$$解 = \frac{(0101100101)_2 \times (9-1)}{2^{10}-1} + 1 = \frac{357 \times 8}{1023} + 1 \approx 3.80$$

又如,在旅行商问题中,我们需要找到一条经过所有城市且回到起点的最短路径。TSP 的编码方式通常采用路径表示法,即将城市的访问顺序直接表示为一个排列。假设有 8 个城市:1,2,3,4,5,6,7,8。一个可能的解可以编码为"13428756"。这个解表示旅行商按照城市 1→3→4→2→8→7→5→6 的顺序访问所有城市,然后回到起点 1。

对于一些复杂问题,可能需要设计更特殊的编码方式。例如,在制造领域,柔性作业车间调度问题(flexible job shop scheduling problem,FJSP)是一个复杂的调度问题,涉及多台机器和多个工序,可以采用双重编码方式,编码通常分为两个部分:机器选择部分和工序排序部分。这样可以有效地表示复杂的调度问题,并且使得遗传算法能够通过交叉和变异操作优化调度方案。

不同的编码方法使遗传算法能够适应各种不同的问题。通过合理的编码,我们可以将问题的解表示为染色体,使得遗传算法可以高效地搜索解空间。

2. 群体设定

遗传算法是基于群体的算法,因此首先要构建一个初始种群,该种群由若干初始解构成。种群中的个体可以随机产生,但应依据问题相关知识来设定个体,让初始种群尽可能覆盖到最优解的范围。也可以先随机产生一系列个体,从中选出较优者放入初始种群,然后重复此过程,直至达到预定的种群大小。

种群中个体的数目,即种群规模,对遗传优化的效果和效率有着重要影响。种群规模过小,可能导致算法局限于局部最优解。种群规模越大,遗传操作能够生成的模式越多,这有

助于逐步逼近最优解。然而,种群规模过大也会增加适应度评估的次数,增加计算的复杂性,从而降低算法效率,并可能导致大量个体在筛选中被淘汰,进而影响交叉操作的成效。因此,综合考虑各种因素,种群规模通常被设定在 20~100 个个体之间。

3. 适应度函数

遗传算法遵循优胜劣汰的选择机制,具体来说是依据适应度值来评估个体的优劣,并以此作为遗传操作的基础。适应度是衡量个体优劣的标尺,也是推动算法演化的动力。个体适应度越高,被选中的概率就越大,反之则越小。种群内部结构的调整操作均通过适应度来控制。因此,适应度函数的设计至关重要。

在实际应用中,适应度函数的设计需结合具体问题的需求。通常,适应度函数是由目标函数经过变换得到的。最直接的方法是将待求解优化问题的目标函数直接作为适应度函数。对于最大化问题,适应度函数可以直接设为目标函数;而对于最小化问题,适应度函数则可以取为目标函数的倒数。当然,有时还需对适应度函数进行尺度变换,即改变其值域以调整不同个体适应度之间的比例关系。例如,当种群中出现超级个体时,算法可能过早收敛于局部最优解,此时应适当缩小个体间的适应度差异;而在搜索后期,当种群平均适应度接近最优适应度时,优化过程发生停滞现象,此时则应适当放大个体间的适应度差异。

4. 选择

在选择操作中,我们依据特定概率从当前群体中筛选出优良的个体,使它们有机会作为父代繁衍后代,即进行后续的交叉、变异等操作。评估个体优劣的依据是各自的适应度。适应度大或小的个体都可能被选上或不被选上,但适应度大的个体被选择的概率大,适应度小的个体被选择的概率小;这既符合优胜劣汰的基本原则,使得算法较快收敛,又能保持种群的多样性,避免过早收敛于局部最优解。

1) 基于选择概率的选择方法

基于适应度大的个体被选择的概率大的原则,一种策略是首先分配不同适应度的个体被选择的概率,然后根据这个概率进行选择。选择概率的分配方法主要有适应度比例方法和排序方法两种。

适应度比例方法:遗传算法中最基础且常用的选择策略,个体被选中的概率与其适应度成正比。设群体规模大小为 N,个体 i 的适应度为 f_i,则这个个体被选择的概率为 $p_i = f_i / \sum_{i=1}^{N} f_i$。

排序方法:首先根据适应度大小对群体中的个体进行排序,然后按照排序结果分配预设的选择概率。这种概率分配仅依赖于个体在种群中的排名,而非实际的适应度,因此相较于适应度比例方法能克服过早收敛和停滞的问题。排序法具有很强的鲁棒性,是一种较好的选择策略。例如,线性排序方法用一个线性函数给按适应度由大到小排列的个体分配被选择概率,第 i 个个体被分配的选择概率为 p_i,即 $p_i = (a - bi) / [N(N+1)]$,式中 a、b 是常数。

分配好个体被选择的概率后,就可以进行选择操作。轮盘赌选择策略在遗传算法中广泛使用,首先根据个体的选择概率构建一个轮盘,轮盘上每个区域的角度与个体的选择概率成正比。然后生成一个随机数,该数落入轮盘的哪个区域就选择相应的个体进行交叉。在实际操作中,可以按个体顺序计算每个个体的累积概率,然后生成一个随机数,该数落入哪个累积概率区域就选择相应的个体进行交叉。由于选择概率高的个体对应的区间更大,因此其被选中的可能性就大。

例如,考虑 5 条染色体,它们的适应度函数值 $f_i(i=1,2,3,4,5)$ 分别为 2、3、5、8、6,则可以根据适应度比例方法计算它们被选中的概率 $p_i = f_i / \sum_{i=1}^{5} f_i$,易得 $p_1 \approx 0.083, p_2 = 0.125, p_3 \approx 0.208, p_4 \approx 0.333, p_5 = 0.25$。构建轮盘时,按照染色体的选择概率将轮盘划分成不同的区域,区域的大小与对应染色体的选择概率成正比。因此,我们将 0~1 划分成 5 个区间:$[0, 0.083), [0.083, 0.208), [0.208, 0.417), [0.417, 0.750), [0.750, 1.0)$,分别对应 5 条染色体。然后生成一个 0~1 之间的随机数,该数落在哪个区域,即选择哪条染色体,例如生成 0.5,则选择第 4 条染色体。

2) 基于适应度的选择方法

基于选择概率的选择方法需要首先计算每个个体被选择的概率,这在群体规模较大时可能带来额外的较大计算量,如计算总体适应度或排序。我们可以通过锦标赛选择方法直接基于适应度进行选择操作。锦标赛选择方法从群体中随机选择 k 个个体(参数 k 称为竞赛规模),将其中适应度最高的个体保留到下一代;这一过程重复进行,直到保留到下一代的个体数量达到预设值。由于每次竞赛的随机性,它得到的群体常常比轮盘赌选择方法更加多样化。又由于它仅使用适应度的相对值作为选择标准,而非适应度的绝对值,因此也能避免超级个体的影响,在一定程度上防止过早收敛和停滞现象的发生。

此外,遗传算法中还常使用最佳个体保存法,或称精英选拔法,其基本思想是将当前适应度最高的一个或多个个体直接复制到下一代种群中,不参与随机操作,从而提高算法的稳定性和收敛速度。常见操作包括将单个或多个最佳个体保存、固定或动态比例保留等。这种方法的优势在于防止高质量解的丢失,提升搜索效率,但若保留过多最佳个体可能导致种群多样性下降,从而陷入局部最优。因此,在实施时需注意合理设计保留比例(一般 2%~5% 为宜),结合问题特性动态调整,以充分发挥其在提升遗传算法性能方面的潜力。

5. 交叉

在生物机体的配对过程中,它们的染色体会相互混合,从而形成一个由双方基因组成的全新染色体组,这一过程被称为交叉或重组。通过交叉产生的后代有可能继承上代的优秀基因,也有可能继承不良基因,那些更能适应环境的后代更有可能继续繁衍,并将它们的基因传递给下一代。这就形成了一种进化的趋势。

遗传算法所采用的交叉方法需要使得父代的结构特征和有效基因能够被子代所继承。基本的交叉算子包括一点交叉、二点交叉以及多点交叉。一点交叉也被称为简单交叉,其操作方式是在个体中随机设定一个交叉点,然后交换该点前或后的两个个体的部分结构,从而生成两个新的个体。二点交叉的操作与一点交叉相似,只是随机设定了两个交叉点,并将这两个交叉点之间的码串进行交换。类似地,我们还可以采用多点交叉的方式。

然而,由于交叉操作,可能会产生不满足约束条件的非法染色体。为了解决这个问题,我们需要对交叉、变异等遗传操作进行适当的调整,以确保它们能够自动满足优化问题的约束条件。此外,我们还需要考虑是否对所有选择的染色体进行交叉操作。我们用交叉概率

P_c 来确定两个染色体进行局部互换以产生两个新子代的概率。使用较大的交叉概率可以增强遗传算法探索新的搜索区域的能力,但也可能增加破坏高性能模式的风险。而使用过低的交叉概率则可能导致搜索过程变得迟钝。实验表明,将交叉概率设定为 0.7 左右是一个理想的选择。在每次选择两个个体时,生成一个 0~1 之间的随机数,只有当这个随机数小于交叉概率(0.7)时才进行交叉。

6. 变异

在遗传算法中,变异也是关键操作之一,它模拟自然界中生物遗传的基因突变现象。变异操作的引入是为了保持种群的多样性,防止种群陷入局部最优解,并引入新特性。通过引入变异,遗传算法可以避免种群中所有个体逐渐趋同,从而保持基因多样性,这有助于探索更广泛的解空间。同时,变异操作可以提供随机扰动,有助于种群跳出局部最优,继续朝全局最优解前进。此外,变异可以引入新的基因组合,可能会带来更优的解,从而加速算法收敛到最优解。

具体地,遗传算法中的变异是将个体编码中的一些点位进行随机变化。要进行变异操作,首先要从当前种群中随机选择个体,然后在选择的个体中确定一个或多个基因位点,根据预定的变异方法,对选择的基因位点进行修改,从而生成新的个体。需要注意,变异属于辅助性操作,变异概率一般取在 0.05 以下,过高可能会破坏优良个体,并增加随机性,使得遗传算法趋近于随机搜索。有时可以采用动态调整的策略,随着进化过程的进行逐步改变变异概率。例如,初期使用高变异概率保持多样性,后期逐渐降低变异概率促进收敛。

变异方法的选择取决于编码方式和问题的具体要求,常见的变异方法有:

位点变异:随机挑选一个或多个基因,以变异概率 P 作变动。对于二进制编码的个体,将其值从 0 变为 1 或从 1 变为 0;对于整数编码,选中的基因会随机变成一个新的值,这个新值可以是特定范围内的任何值。在某些问题中,变异可能导致生成的基因值不符合特定约束或合法性条件,此时需要对变异后的基因进行调整。

逆转变异:随机选择个体码串中的两个位置,反转它们之间的子序列。

插入变异:随机选择个体码串中的一个基因,将其插入到另一个随机位置。

3.3 粒子群优化算法

除了遗传进化,自然界中还有许多群体现象令人惊奇,如蚂蚁搬家、鸟群觅食、蜜蜂筑巢等。其中,鸟群整体运动的高效与流畅源于个体之间的协调与互动。一方面,每只鸟通过简单的局部规则如保持适当距离、对齐飞行方向和避免碰撞,能够实现群体的同步运动;另一方面,个体通过感知邻居的位置和运动信息,及时调整自己的行动以保持整体一致性。这种个体的自适应调整确保了在环境变化时群体的灵活应对。通过这些局部互动,鸟群展现了集体智慧和涌现行为,实现了高效、流畅的群体运动。

粒子群优化(particle swarm optimization,PSO)算法由 Kennedy 和 Eberhart 于 1995年提出,是一种受鸟类群体行为启发的仿生优化算法。粒子群优化算法将每个个体看作搜索空间的粒子,以一定的速度飞行,并通过粒子间的合作与竞争指导优化搜索。

假设在 n 维连续搜索空间中,存在由 m 个粒子组成的粒子群 $X = \{\boldsymbol{X}_1, \boldsymbol{X}_2, \cdots, \boldsymbol{X}_m\}$。

对任意第 i 个粒子,其当前位置向量为一个 n 维向量 $\boldsymbol{X}_i=[x_{i1},x_{i2},\cdots,x_{in}]^{\mathrm{T}}$,也即问题的一个潜在解,该粒子飞行的速度向量为 $\boldsymbol{V}_i=[V_{i1},V_{i2},\cdots,V_{in}]^{\mathrm{T}}$。根据粒子位置可计算出粒子的适应度函数值 F_i,从初始位置飞行至今,其获得最优适应度的位置表示为 $\boldsymbol{P}_i=[P_{i1},P_{i2},\cdots,P_{in}]^{\mathrm{T}}$。粒子群中所有个体的适应度最优位置为 $\boldsymbol{P}_g=[P_{g1},P_{g2},\cdots,P_{gn}]^{\mathrm{T}}$。

基本的粒子群优化算法按照以下式子逐步迭代更新粒子速度和位置:

$$\boldsymbol{V}_i^{k+1}=\omega\boldsymbol{V}_i^k+\varphi_1 r_1(\boldsymbol{P}_i^k-\boldsymbol{X}_i^k)+\varphi_2 r_2(\boldsymbol{P}_g^k-\boldsymbol{X}_i^k) \tag{3-1}$$

$$\boldsymbol{X}_i^{k+1}=\boldsymbol{X}_i^k+\boldsymbol{V}_i^{k+1} \tag{3-2}$$

其中,ω 为惯性权重因子,φ_1、φ_2 为加速度常数,均为非负值。$r_1=\mathrm{rand}(0,a_1)$ 和 $r_2=\mathrm{rand}(0,a_2)$ 是分别分布于 $[0,a_1]$、$[0,a_2]$ 范围内的随机数。式(3-1)具体决定了粒子如何通过群体实现智能优化搜索,等号右边的第一项考虑粒子在前一时刻的速度,第二项为粒子结合自身经历的最优位置形成的个体认知分量,第三项为粒子结合群体经历的最优位置形成的群体社会分量。

进一步分析可发现式(3-1)中各项存在的意义。如果等号右边只有第一项,而没有后两项,即 $\varphi_1=\varphi_2=0$,粒子将做匀速线性运动,直到边界,很难找到好的解。如果仅 $\varphi_1=0$,则粒子没有个体认知能力,粒子更快地飞向群体最优位置,收敛速度加快,但对复杂问题可能更容易陷入局部最优解。如果仅 $\varphi_2=0$,则粒子间没有社会共享信息,粒子群退化为若干相互独立的单个粒子,很难得到最优解。如果没有第一项,即 $\omega=0$,则速度本身没有记忆,只取决于粒子当前位置和其历史最好位置。此时,处于全局最优位置的粒子将保持静止,而其他粒子则飞向它本身最优位置和群体最优位置的加权中心,粒子群只能逐步收敛到当前的群体最优位置。加上第一项后,粒子才有扩展搜索空间的趋势。早期的粒子群优化算法中一般令 $\omega=1.0,\varphi_1=\varphi_2=2.0$。实验表明,$\varphi_1$ 和 φ_2 为常数时可以得到较好的解,但不一定取值为 2。

此外,粒子群优化算法中粒子的速度决定了搜索空间的分辨率,我们一般会将粒子的任意维度速度限制为小于最大速度 $V_{\max}$,如果 $V_{\max}$ 太大,粒子可能会错过好的解。假设搜索空间某维度变化范围为 $[a,b]$,则一般将粒子在该维度的最大速度设置为该范围的 10%～20%,即 $V_{\max}\in[0.1(b-a),0.2(b-a)]$。

粒子群优化算法初始群体的产生方法与遗传算法类似,可以随机产生,也可以根据问题的固有知识产生。在基本的粒子群优化算法中,粒子的编码使用实数编码方法,这在求解连续的函数优化问题时十分方便,同时对粒子的速度求解与粒子的位置更新也很自然。粒子群优化算法的种群的大小根据问题的规模而定,同时要考虑运算的时间。粒子数一般取 10～100,对于比较难的问题或者特定类别的问题,粒子数可以取到 100～200,甚至更多。粒子的适应度函数根据具体问题而定,将目标函数转换成适应度函数的方法与遗传算法类似。

粒子群优化算法的流程如下:

步骤 1:按照一定方法初始化群体,包括每个粒子的位置和速度。

步骤 2:计算每个粒子的适应度函数值。

步骤 3:根据适应度函数更新每个粒子的最优位置 $\boldsymbol{P}_i$ 和群体的最优位置 $\boldsymbol{P}_g$。

步骤 4:更新粒子的速度和位置。

步骤 5:判断是否满足停止条件(预设误差或者迭代次数),是则停止,输出最优解;否则返回步骤 2。

粒子群优化算法的流程如图 3-2 所示。

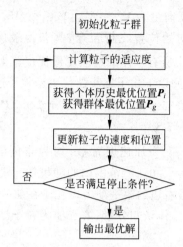

图 3-2 粒子群优化算法的基本流程

3.4 蚁群算法

蚁群算法(ant colony optimization,ACO)由 Marco Dorigo 于 1992 年在他的博士论文中首次提出。其灵感来源于自然界中蚂蚁觅食的行为。具体地,蚁群算法借鉴了蚂蚁在寻找食物过程中利用信息素(pheromone)进行路径优化的机制。蚂蚁在行进过程中会在路径上留下信息素,而其他蚂蚁则更有可能选择信息素浓度较高的路径。这种机制使得蚂蚁群体能够逐渐找到从巢穴到食物源的最短路径。

为方便说明,下面以旅行商问题为例介绍蚁群算法的模型。假设有一个包含 n 个节点的图,每个节点代表一个城市,蚂蚁从一个城市出发,访问所有城市后返回出发点,以找到总路径最短的路线。注意,这里一只蚂蚁在某一时刻所在的位置并非搜索空间中的一个解,蚂蚁在一次循环中回到原点所经历的路径才是。

假设种群规模为 m,即蚂蚁数量。蚂蚁的行动同时受到其个体本身对环境的观察(启发信息)及群体协作(信息素)的影响。若蚁群中任意一只蚂蚁 k 在某一时刻 t 位于节点 i,其下一步允许访问的节点集合为 $\text{allowed}_k(i)$。考虑从节点 i 到 j 这条路径,记为 (i,j),其中 $j \in \text{allowed}_k(i)$,我们用 η_{ij} 表示路径 (i,j) 的启发式信息,通常为 $1/d_{ij}$,d_{ij} 为路径 (i,j) 的距离,以反映蚂蚁本身对环境的观察;用 τ_{ij} 表示路径 (i,j) 上残留的信息素浓度,以反映群体协作的影响。初始状态下各路径信息素相同,一般较小。P_{ij}^k 表示蚂蚁 k 选择路径 (i,j) 的概率。

蚁群算法按照以下式子更新蚂蚁选择下一节点的概率:

$$P_{ij}^k = \frac{[\tau_{ij}]^\alpha \cdot [\eta_{ij}]^\beta}{\sum_{l \in \text{allowed}_k} [\tau_{il}]^\alpha \cdot [\eta_{il}]^\beta} \tag{3-3}$$

其中,α 和 β 是权重参数,分别控制信息素和启发式信息对选择概率的影响程度,这与粒子群优化算法速度更新公式中的加速度常数 φ_1、φ_2 类似。需要注意,这里计算的是蚂蚁选择下一节点的概率,具体如何根据概率选择路径,仍可以采用轮盘赌等方法,此处不再赘述。

信息素更新包括挥发和增加两个部分:

$$\tau_{ij} = (1-\rho) \cdot \tau_{ij} + \sum_{k=1}^{m} \Delta\tau_{ij}^{k} \tag{3-4}$$

其中,ρ 是信息素挥发系数,$\Delta\tau_{ij}^{k}$ 表示蚂蚁 k 在路径 (i,j) 上留下的信息素增量。计算 $\Delta\tau_{ij}^{k}$ 的基本模型是蚂蚁圈系统(ant-cycle system),即一只蚂蚁所访问路径上的信息素浓度更新规则为

$$\Delta\tau_{xy}^{k} = \begin{cases} \dfrac{Q}{L_k}, & \text{若第 } k \text{ 只蚂蚁在本次循环经过路径}(i,j) \\ 0, & \text{否则} \end{cases} \tag{3-5}$$

其中,Q 为常数,L_k 为蚂蚁 k 所经过路径的长度。这意味着路径长度越短(即路径越优),蚂蚁 k 留下的信息素就越多,从而增加其他蚂蚁选择这条路径的概率。

蚁群算法的流程如下:

步骤 1:按照一定方法初始化蚁群,包括蚂蚁位置和信息素。

步骤 2:每只蚂蚁根据选择概率规则选择下一个要访问的节点,完成一个可行解的构建过程。

步骤 3:对每只蚂蚁构建的路径计算总路径长度,并记录最优路径。

步骤 4:判断是否满足停止条件(达到最大迭代次数或找到满意的解),是则算法停止;否则继续步骤 5。

步骤 5:根据每只蚂蚁的路径质量更新路径上的信息素,采用挥发和增加信息素的机制,转到步骤 2。

3.5 本章小结

群智能算法因其智能性、并行性和鲁棒性,具有很好的自适应能力和很强的全局搜索能力,得到了众多研究者的广泛关注,并且已经被广泛应用于各种领域,在科学研究和生产实践中发挥着重要的作用。

遗传算法通过对生物遗传和进化过程中选择、交叉、变异机理的模仿,来完成对问题最优解的自适应搜索过程。

粒子群优化算法起源于对简单社会系统的模拟。在搜索食物的过程中群体中的个体成员可以得益于所有其他成员的发现和先前的经历,在此启发下,粒子群优化算法可同时考虑个体认知和群体社会对优化过程的影响。

蚁群算法是对蚂蚁群落食物采集过程的模拟。蚂蚁搜索食物的过程中,通过个体之间的信息交流与相互协作最终找到从蚁穴到食物源的最短路径。

习题

1. 遗传算法具有什么特点?适合解决什么样的问题?

2. 试讨论遗传算法可被用于制造领域的哪些方面,并通过文献调研举例说明。

3. 基本遗传算法有什么不足？可以如何改进？

4. 遗传算法中也涉及种群，它与粒子群优化算法中的群体有何区别？

5. 试对比本章介绍的群智能算法的特点。

参考文献

[1] 王万良.人工智能导论[M].北京：高等教育出版社,2017.

[2] 李新宇.工艺规划与车间调度集成问题的求解方法研究[D].武汉：华中科技大学,2009.

[3] 李公法,陶波,熊禾根.人工智能与计算智能及其应用[M].武汉：华中科技大学出版社,2020.

[4] 王凌.车间调度及其遗传算法[M].北京：清华大学出版社,2003.

[5] 高亮,张国辉,王晓娟.柔性作业车间调度智能算法及其应用[M].武汉：华中科技大学出版社,2012.

[6] 张智海,李冬妮,苏丽颖,等.制造智能技术基础[M].北京：清华大学出版社,2022.

[7] HOLLAND J H. Adaptation in natural and artificial systems：an introductory analysis with applications to biology,control,and artificial intelligence[M]. Cambridge,MA：MIT Press,1992.

[8] GOLDBERG D E. Genetic and evolutionary algorithms come of age[J]. Communications of the ACM, 1994,37(3)：113-120.

[9] KENNEDY J，EBERHART R. Particle swarm optimization [C]//Proceedings of ICNN'95- International Conference on Neural Networks. IEEE,1995,4：1942-1948.

[10] DORIGO M,MANIEZZO V,COLORNI A. Ant system：optimization by a colony of cooperating agents[J]. IEEE Transactions on Systems,Man,and Cybernetics,Part B(cybernetics),1996,26(1)： 29-41.

第4章

机器学习

学习是最核心的智能行为之一,因为它使得系统能够通过积累经验不断优化自身,从而适应变化的环境并做出合理决策。机器学习作为人工智能领域最能体现智能的一个分支,是人工智能最核心的研究领域之一,逐渐成为推动各类智能应用发展的重要基础。在当今大数据和高速计算的时代,机器学习已经成为几乎各行各业共同需要的关键技术,广泛应用于自动驾驶、医疗诊断、金融预测、语音识别等领域,推动着技术创新与社会进步。借助机器学习的强大能力,我们可以推动创新、提升效率,并应对不断变化的挑战。

本章首先简要介绍机器学习的定义与分类,然后具体说明几种常用的机器学习方法。

4.1 机器学习概述

机器学习通过模拟或实现人类的学习行为获取新的知识或技能,并且重新组织已有的知识结构来不断改善自身的性能。机器学习领域的先驱 Arthur Samuel 认为,机器学习是一个赋予计算机在没有明确编程情况下进行学习的能力的领域。Tom Mitchell 在其专著 *Machine Learning* 中给出了一个更为现代的定义:"如果一个计算机程序在执行某类任务 T 时,随着经验 E 的积累,其在任务 T 上的表现(由性能度量 P 进行衡量)有所改进,那么我们称这个程序从经验 E 中学习。"这个定义强调了学习过程的核心,即通过经验改进性能。这与传统的编程方法不同,传统编程方法是由程序员显式地定义规则,而机器学习则是通过数据(经验)自我改进。定义中所说的任务 T、性能度量 P 和经验 E 可以对应各种不同的场景,从而使得机器学习在许多领域都可能发挥重要作用。例如,对于图像分类任务,可以用分类的准确率作为性能度量,以大量标记好的图像数据集作为经验;对于设备故障预测任务,可以把故障预测的准确率和提前时间作为性能度量,把设备运行数据、传感器数据、历史故障记录等作为经验。由此设计和训练的机器学习程序有望在指定任务上获得令人满意的表现。

发展至今,机器学习发展出许多不同算法。从不同角度可对机器学习进行不同分类。其中,基于学习方式,可分为监督学习(supervised learning)、无监督学习(unsupervised learning)和强化学习(reinforcement learning)。监督学习通过带标签的数据进行训练,学习输入到输出的映射关系;无监督学习通过无标签的数据寻找数据中的结构或模式;强化学习通过与环境的交互和反馈(奖励或惩罚)学习策略以最大化累积奖励。此外还有被称为半监督学习(semi-supervised learning)的方法,它结合少量带标签数据和大量无标签数据进行训练。

作为机器学习的基础,本章主要介绍几种典型的监督学习方法。

4.2 线性回归

线性回归是一种用于建模两个或多个变量之间线性关系的统计方法。它试图找到输入变量(自变量)和输出变量(因变量)之间的最佳线性关系。在线性回归中,数据使用线性预测函数来建模,并且未知的模型参数也通过数据来估计。线性回归是机器学习中最基础和最重要的算法之一,适合作为学习机器学习的起点。

假设输出 $y \in \mathbb{R}$ 为输入 $x \in \mathbb{R}^n$ 的线性函数,则线性回归模型的输出(预测值)为

$$\hat{y} = w^{\mathrm{T}} x + b \tag{4-1}$$

其中 $w \in \mathbb{R}^n$ 为回归系数(权重)。这里的输出可以看作输入的不同特征的加权平均,因此 w 可以看作输入的每个特征影响输出的权重。如果有 m 个样本 (x, y) 组成数据集,给出不同输入下的输出,我们就可以尝试求出回归系数。

线性回归的求解方法很多,比如最小二乘法。这里我们采用基于梯度下降法的监督学习的方法求解。考虑 $n=1$ 的情况,给定训练样本集 $D = \{(x_1, y_1), (x_2, y_2), \cdots, (x_m, y_m)\}$,$m=7$,如表 4-1 所示,数据点不完全落在一条直线上,但有一定的线性关系,因此可用线性函数 $y = ax + b$ 来拟合数据。

表 4-1　样本数据

x_i	1.5	2.7	3.6	4.2	5.5	6.1	7.3
y_i	3.1	5.0	7.2	8.4	10.3	11.8	13.2

对应 Mitchell 给出的机器学习定义,这里的任务 T 为预测因变量 y,经验 E 为训练数据集,性能度量 P 为模型的预测误差,通常使用均方误差(mean squared error,MSE)来衡量:

$$\mathrm{MSE} = \frac{1}{m} \sum_{i=1}^{m} (\hat{y}_i - y_i)^2 \tag{4-2}$$

它也被称为损失函数,其中 $\hat{y}_i = ax_i + b$。

梯度下降法是一种用于优化目标函数的迭代算法,其主要用于最小化损失函数。它具有原理简单、步骤明确、容易用编程语言实现等优点,并且可以适用于多种不同形式的损失函数,只要这些函数是可微的。

为了理解梯度下降法,可以想象我们在一个大山谷中,周围的地形起伏不定,我们的目标是找到这个山谷中的最低点。但山谷中能见度很低,我们并不知道山谷整体地形如何分布,只能感受脚下地面的倾斜度,逐步走向低处。我们从某个初始位置开始,基于脚下地面的倾斜度(梯度)向地势更低的方向行进一步(参数更新),这一步的大小取决于我们觉得应该走多远(学习率)。我们反复重复这一过程,每一步再基于新位置的倾斜度继续行动,直到感觉到地面几乎不再倾斜,就认为找到了最低点,或者接近最低点。

梯度下降的步骤主要包括:

步骤 1：设置参数初始值。

步骤 2：使用当前参数计算预测值。

步骤 3：计算当前参数下的损失函数值。

步骤 4：根据损失函数的公式计算对参数的梯度。

步骤 5：使用梯度下降更新参数。

步骤 6：重复步骤 2 到步骤 5，直到参数收敛或达到预设的迭代次数。

在进行线性回归时，我们的目标是通过找到最佳的模型参数(a 和 b)来最小化均方误差（MSE）。为了计算和优化的便利性，一般将均方误差损失函数表示为

$$\mathcal{L} = \frac{1}{2m} \sum_{i=1}^{m} (\hat{y}_i - y_i)^2 = \frac{1}{2m} \sum_{i=1}^{m} (ax_i + b - y_i)^2 \tag{4-3}$$

则损失函数对模型参数的梯度为

$$\nabla \mathcal{L}(a, b) = (\nabla_a \mathcal{L}, \nabla_b \mathcal{L}) = \left(\frac{\partial \mathcal{L}(a, b)}{\partial a}, \frac{\partial \mathcal{L}(a, b)}{\partial b} \right) \tag{4-4}$$

根据梯度下降法，我们通过更新参数来最小化损失函数。更新公式为

$$a = a - \eta \frac{\partial \mathcal{L}(a, b)}{\partial a} = a - \eta \frac{1}{m} \sum_{i=1}^{m} (ax_i + b - y_i) x_i \tag{4-5}$$

$$b = b - \eta \frac{\partial \mathcal{L}(a, b)}{\partial b} = b - \eta \frac{1}{m} \sum_{i=1}^{m} (ax_i + b - y_i) \tag{4-6}$$

其中，η 为学习率，决定了每次更新的步长。学习率需要适当选择，如果太大，可能会导致震荡；如果太小，收敛速度可能过慢。

经过机器学习，最终计算得到：$a = 1.80, b = 0.48$。即得到线性函数 $y = 1.80x + 0.48$。函数图像如图 4-1 所示。

许多机器学习和深度学习算法都依赖梯度下降法来优化模型参数，上述仅是一个简单的例子。对于大规模数据集，每次迭代一般只需要计算一个批次的数据（小批量梯度下降）或一个数据点（随机梯度下降），而不是全部数据。梯度下降法还可以根据需要进行调整，如选择不同的学习率，使用学习率衰减，或者使用动量方法、Adam 等改进算法来加速收敛和提高稳定性。这些将在 5.4 节中具体介绍。

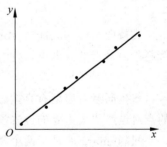

图 4-1　机器学习所确定的
函数图像

4.3　支持向量机

支持向量机(support vector machine, SVM)是由 Vladimir Vapnik 等在 20 世纪 90 年代初期提出的一种监督学习模型。SVM 源于统计学习理论中的结构风险最小化原则，并且广泛应用于分类和回归问题。其基本思想是寻找最佳的决策边界，以最大化类别之间的间隔，从而提高模型的泛化能力。

4.3.1　支持向量与间隔

支持向量机的基本目标是找到一个最优的超平面，将不同类别的数据点分开。超平面

(hyperplane)是一个 n 维空间中的一个 $n-1$ 维子空间,它将 n 维空间划分为两个半空间。在机器学习和数据科学中,超平面通常用于线性分类问题,是用来将不同类别的数据点分开的边界。

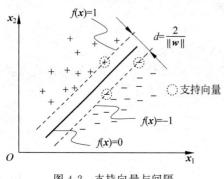

图 4-2　支持向量与间隔

为方便说明,考虑一个二分类问题,给定训练样本集 $D=\{(x_i,y_i)|i=1,2,\cdots,m\}$,其中 x_i 为 d 维的特征向量。样本分为正负两类,即 $y_i\in\{-1,+1\}$。我们希望基于数据集 D 在样本空间中找到一个最优的决策超平面,或称划分超平面,将不同类别的样本分开。如图 4-2 所示,划分超平面可能不止一个,直观上看,我们需要找到"最中间"也是分类效果最好的那个。

划分超平面可由其法向量 $w=(w_1,w_2,\cdots,w_d)$ 和反映超平面与原点之间的距离的位移项 b 决定:

$$f(x)=w^{\mathrm{T}}x+b=0 \tag{4-7}$$

因此可简单记为 (w,b)。样本空间中任意点 x 到超平面 (w,b) 的距离为

$$d=\frac{|w^{\mathrm{T}}x+b|}{\|w\|} \tag{4-8}$$

支持超平面是那些通过支持向量并与决策超平面平行的超平面。对于正类和负类分别有一个支持超平面,正类支持超平面方程为 $w^{\mathrm{T}}x+b=1$,负类支持超平面方程为 $w^{\mathrm{T}}x+b=-1$。

支持向量(support vector)是那些位于支持超平面上的数据点,当然,它们也是距离决策超平面最近的数据点,这些点满足支持超平面的方程:

$$w^{\mathrm{T}}x+b=\pm1 \tag{4-9}$$

支持向量对模型有直接影响,因为它们定义了支持超平面的位置,其他离决策边界较远的点对最终决策边界的位置没有直接影响。

间隔(margin)是指两个类别之间的距离,它是指从最接近的正类点到负类点的距离。支持向量机的目标是最大化这个间隔,以保证最优超平面具有最大的分类效果。间隔的大小与模型的分类能力密切相关。通过最大化间隔,支持向量机能够增强对未知数据的泛化能力。

具体地,间隔是正类支持超平面和负类支持超平面之间的距离,也即两个异类支持向量到决策超平面的距离之和,为

$$d=\frac{2}{\|w\|} \tag{4-10}$$

欲找到具有最大间隔的划分超平面,也就是要找到能满足式(4-9)中约束的参数 w 和 b,使得 d 最大,即

$$\max_{w,b}\frac{2}{\|w\|}$$

$$\mathrm{s.t.}\ y_i(w^{\mathrm{T}}x_i+b)\geqslant1,\quad i=1,2,\cdots,m \tag{4-11}$$

显然,最大化间隔等价于最小化 $\|w\|^2$。于是,式(4-11)可重写为

$$\min_{w,b} \frac{1}{2} \|w\|^2$$

$$\text{s. t. } y_i(w^{\mathrm{T}}x_i + b) \geqslant 1, \quad i=1,2,\cdots,m \qquad (4\text{-}12)$$

这就是支持向量机的基本型。

4.3.2　对偶问题与核函数

为了求解式(4-12),我们首先简要介绍一种求函数极值的方法——拉格朗日乘子法。

假设我们希望在约束条件 $g(x,y)=0$ 下最大化或最小化目标函数 $f(x,y)$。直观上,我们希望找到目标函数 $f(x,y)$ 在约束函数 $g(x,y)=0$ 上的极值点。

在一个优化问题中,目标函数 $f(x,y)$ 和约束函数 $g(x,y)$ 的梯度在极值点处有特定的几何关系。具体来说,在极值点处,目标函数的梯度与约束条件的梯度是平行的。一个简单的例子是,求函数 $f(x,y)=x^2-y$ 的极值,同时满足约束 $g(x,y)=x^2+y^2=1$。我们可以观察两者的函数图形,目标函数 $f(x,y)$ 不同取值的曲线和约束函数 $g(x,y)$ 的图像如图 4-3 所示。可以看出,目标函数 $f(x,y)$(虚线)与约束函数 $g(x,y)$(实线)相切时,即在图中最上方和最下方的两条虚线上,函数 $f(x,y)$ 取得极值。

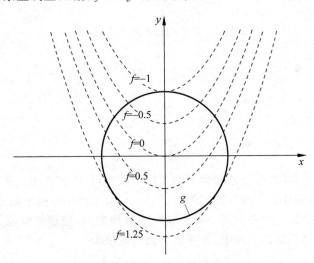

图 4-3　目标函数与约束函数图像示例

目标函数和约束函数在切点处的法向量平行,即梯度方向相同。基于此,可以引入乘子 $\lambda(\lambda \geqslant 0)$,使得

$$\nabla f(x,y) = \lambda \nabla g(x,y) \qquad (4\text{-}13)$$

为了找到满足这一关系的点,我们构造拉格朗日函数:

$$\mathcal{L}(x,y,\lambda) = f(x,y) + \lambda(g(x,y)) \qquad (4\text{-}14)$$

其中 λ 为拉格朗日乘子。$\mathcal{L}$ 分别对 x、y 和 λ 求偏导数并设为零,我们可以找到满足梯度平行的点:

$$\frac{\partial \mathcal{L}}{\partial x} = \frac{\partial f}{\partial x} + \lambda \frac{\partial g}{\partial x} = 0 \qquad (4\text{-}15)$$

$$\frac{\partial \mathcal{L}}{\partial y} = \frac{\partial f}{\partial y} + \lambda \frac{\partial g}{\partial y} = 0 \tag{4-16}$$

$$g(x, y) = 0 \tag{4-17}$$

其中式(4-15)和式(4-16)基于梯度方向相同,式(4-17)实际上就是约束条件本身。通过解此方程组,我们可以找到在约束条件下的极值点。对于图 4-3 中的例子,由此求得函数 f 的极小值为 -1,对应点 $(0,1)$;极大值为 1.25,对应点 $(\sqrt{3}/2, -1/2)$,$(-\sqrt{3}/2, -1/2)$。

对式(4-12)使用拉格朗日乘子法,首先对每个约束添加拉格朗日乘子 $\lambda_i (i = 1, 2, \cdots, m)$,$\lambda_i \geqslant 0$,则该问题的拉格朗日函数可写为

$$\mathcal{L}(\boldsymbol{w}, b, \boldsymbol{\lambda}) = \frac{1}{2} \| \boldsymbol{w} \|^2 + \sum_{i=1}^{m} \lambda_i [1 - y_i (\boldsymbol{w}^{\mathrm{T}} \boldsymbol{x}_i + b)] \tag{4-18}$$

令 $\mathcal{L}(\boldsymbol{w}, b, \boldsymbol{\lambda})$ 对 $\boldsymbol{w}$ 和 b 的偏导为零,可得

$$\boldsymbol{w} = \sum_{i=1}^{m} \lambda_i y_i \boldsymbol{x}_i \tag{4-19}$$

$$0 = \sum_{i=1}^{m} \lambda_i y_i \tag{4-20}$$

将式(4-19)代入式(4-18),即可将 $\mathcal{L}(\boldsymbol{w}, b, \boldsymbol{\lambda})$ 中的 $\boldsymbol{w}$ 和 b 消去,再考虑式(4-20)的约束,就得到式(4-12)的对偶问题:

$$\begin{cases} \max_{\boldsymbol{\lambda}} \sum_{i=1}^{m} \lambda_i - \frac{1}{2} \sum_{i=1}^{m} \sum_{j=1}^{m} \lambda_i \lambda_j y_i y_j \boldsymbol{x}_i^{\mathrm{T}} \boldsymbol{x}_j \\ \mathrm{s.\,t.} \sum_{i=1}^{m} \lambda_i y_i = 0, \quad \lambda_i \geqslant 0, \quad i = 1, 2, \cdots, m \end{cases} \tag{4-21}$$

解出 λ 后,求出 $\boldsymbol{w}$ 与 b 即可得到模型:

$$f(x) = \boldsymbol{w}^{\mathrm{T}} \boldsymbol{x} + b$$

$$= \sum_{i=1}^{m} \lambda_i y_i \boldsymbol{x}_i^{\mathrm{T}} \boldsymbol{x} + b \tag{4-22}$$

在前面的讨论中,我们假设数据在原始空间中线性可分,可以用一个超平面来划分不同样本类别。然而,现实任务中的数据可能无法用一个简单的超平面来划分。在这种情况下,我们可以将样本从原始空间映射到一个更高维的特征空间,使得样本在这个新的特征空间中变得线性可分。则在特征空间中,划分超平面的模型为

$$f(\boldsymbol{x}) = \boldsymbol{w}^{\mathrm{T}} \phi(\boldsymbol{x}) + b \tag{4-23}$$

其中 $\phi(\boldsymbol{x})$ 为 $\boldsymbol{x}$ 映射后的特征向量,$\boldsymbol{w}$ 和 b 是模型参数。

基于此,类似式(4-12),有

$$\min_{\boldsymbol{w}, b} \frac{1}{2} \| \boldsymbol{w} \|^2$$

$$\mathrm{s.\,t.}\ y_i (\boldsymbol{w}^{\mathrm{T}} \phi(\boldsymbol{x}_i) + b) \geqslant 1, \quad i = 1, 2, \cdots, m \tag{4-24}$$

其对偶问题为

$$\begin{cases} \max_{\boldsymbol{\lambda}} \sum_{i=1}^{m} \lambda_i - \frac{1}{2} \sum_{i=1}^{m} \sum_{j=1}^{m} \lambda_i \lambda_j y_i y_j \phi(\boldsymbol{x}_i)^{\mathrm{T}} \phi(\boldsymbol{x}_j) \\ \mathrm{s.\,t.} \sum_{i=1}^{m} \lambda_i y_i = 0, \quad \lambda_i \geqslant 0, \quad i = 1, 2, \cdots, m \end{cases} \tag{4-25}$$

其中,$\phi(x_i)^{\mathrm{T}}\phi(x_j)$ 为样本 x_i 与 x_j 映射到特征空间之后的内积。

虽然对于有限维的输入空间,总是存在一个高维特征空间,使得数据在该空间中线性可分,但这个高维空间的具体维度和映射函数 ϕ 可能非常复杂或难以明确描述,这使得我们往往难以直接计算 $\phi(x_i)^{\mathrm{T}}\phi(x_j)$。在实际应用中,我们通常使用核函数(kernel function)来计算映射后的特征空间中的内积,而不需要显式计算映射函数,即

$$\kappa(x_i,x_j)=\phi(x_i)^{\mathrm{T}}\phi(x_j) \tag{4-26}$$

则式(4-25)可重写为

$$\begin{cases} \max\limits_{\lambda}\sum\limits_{i=1}^{m}\lambda_i-\dfrac{1}{2}\sum\limits_{i=1}^{m}\sum\limits_{j=1}^{m}\lambda_i\lambda_j y_i y_j \kappa(x_i,x_j) \\ \text{s.t.} \sum\limits_{i=1}^{m}\lambda_i y_i=0, \quad \lambda_i\geqslant 0, \quad i=1,2,\cdots,m \end{cases} \tag{4-27}$$

求解后即可得到

$$\begin{aligned} f(x) &= w^{\mathrm{T}}\phi(x)+b \\ &= \sum_{i=1}^{m}\lambda_i y_i\phi(x_i)^{\mathrm{T}}\phi(x_j)+b \\ &= \sum_{i=1}^{m}\lambda_i y_i\kappa(x_i,x_j)+b \end{aligned} \tag{4-28}$$

核函数的选择往往需要结合具体问题和数据集的特性进行多次尝试和调整。表 4-2 列出了几种常用的核函数,这些核函数各有其特点和适用场景。一般来说,当数据在原始特征空间中线性可分或接近线性可分时,线性核是首选;如果线性核效果不好,通常会使用高斯核,也称为径向基函数(radial basis function,RBF),它是最常用的核函数。

表 4-2 常用核函数

名　称	表　达　式	参　数
线性核	$\kappa(x_i,x_j)=x_i^{\mathrm{T}}x_j$	
多项式核	$\kappa(x_i,x_j)=(x_i^{\mathrm{T}}x_j)^d$	$d\geqslant 1$,为多项式的次数
高斯核(RBF 核)	$\kappa(x_i,x_j)=\exp\left(-\dfrac{\|x_i-x_j\|^2}{2\sigma^2}\right)$	$\sigma>0$,为高斯核的带宽(width)
拉普拉斯核	$\kappa(x_i,x_j)=\exp\left(-\dfrac{\|x_i-x_j\|}{\sigma}\right)$	$\sigma>0$
Sigmoid 核	$\kappa(x_i,x_j)=\tanh(\beta x_i^{\mathrm{T}}x_j+\theta)$	$\tanh$ 为双曲正切函数,$\beta>0,\theta<0$

支持向量机因其处理高维数据和复杂模式的优势,成为许多机器学习任务中的重要工具。在制造领域,支持向量机可以应用于质量控制、故障诊断、工件分类和工艺优化等方面,为提高生产效率和产品质量提供有力支持。以产品缺陷检测为例,在电子元件的生产中,可以通过摄像头捕捉元件的图像,使用边缘检测或纹理分析等方法提取特征,并将这些特征输入到支持向量机模型中进行分类,以确定元件是否存在缺陷。模型构建的主要流程包括数据收集与标注、图像预处理、特征提取、支持向量机模型训练与测试等。类似地,在轴承的故障诊断中,通过实时监测振动信号,提取频率特征或时域特征,然后使用支持向量机进行分

类。一般通过历史数据中的正常与故障状态来训练模型,并将实时数据输入模型进行判断,从而实现早期预警和预防性维护。

与后续发展的深度学习方法相比,支持向量机具有模型相对简单、训练所需样本量较小、易于解释的特点。然而,支持向量机在处理大量非结构化数据(如图像和文本)时,性能往往不如深度学习,同时在高维数据下的计算复杂度较高。由于这些特点,支持向量机更适用于数据量较小、结构较明确的场景,尤其在特征工程较为成熟的领域。当需要快速部署且对计算资源有限制时,支持向量机常被优先选用。

此外,支持向量机不仅擅长处理分类问题,还可以扩展至回归问题,即所谓支持向量回归(support vector regression,SVR)。在回归任务中,我们的目标不再是找到一个将数据分类的超平面,而是找到一个在样本空间中能够容纳大多数样本点的"回归带"。支持向量回归中引入了一个称为 ε-不敏感损失函数的概念,允许一定范围内的预测误差,优化过程中会找到一个最优的回归函数,使得大多数样本点都落在回归带内,而那些超出回归带的数据点则会受到惩罚。这种方法使得支持向量回归在面对异常值(噪声数据)时具有较强的鲁棒性。支持向量回归在制造领域可以应用于预测生产性能、设备寿命估计等任务中。

4.4　决策树

决策树(decision tree)起源于 20 世纪 60 年代,最早由计算机科学家在机器学习领域中引入。这种方法通过建立树形模型来进行决策,帮助分析数据中的模式并做出预测。决策树的基本原理是通过递归地将数据集划分为子集,并通过树状结构表示决策过程。每个节点代表一个决策或测试,每条边代表测试结果,每个叶节点代表最终的预测结果。

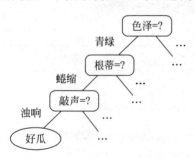

图 4-4　西瓜问题的一棵决策树

为了便于理解,我们以经典的西瓜分类问题为例进行说明。人们买瓜的时候经常通过西瓜的多种属性判断西瓜是好瓜还是坏瓜,例如,张三可能总结出了三步挑选好瓜的方法:一看色泽,二看根蒂,三听敲击声音。每步根据不同情况可能直接得出好瓜或坏瓜的结论,也可能需要在目前限定范围之内继续判断其他属性。决策过程如图 4-4 所示。

决策树是一种树形结构,用于表示决策和决策结果的关系,它由节点和边组成,包含根节点、内部节点和叶节点。根节点是决策树的起始节点,表示整个数据集;根节点根据最优特征进行第一次划分。内部节点是树中间的节点,表示某个特征的测试条件;每个内部节点根据该特征的不同取值,将数据集划分为不同的子集。叶节点是决策树的终止节点,表示最终的决策结果或类别;每个叶节点包含一个类别标签,表示经过所有特征测试后最终的分类结果。边则用于连接节点,表示从一个特征取值到下一个节点的路径,每条边代表一个特征的具体取值。

从根节点到每个叶节点的路径对应一个判定测试序列。决策树学习的核心目标是构建一棵具有良好泛化能力的树,能够有效处理未见过的样本数据,其学习过程通过递归地将问题分解为更小的子问题来逐步生成树的结构。

下面具体展示如何构建一棵用于西瓜分类的决策树,主要步骤包括数据收集、特征选择、树的构建等。

1. 数据收集

假设我们有一个包含西瓜特征的数据集,特征包括"色泽""根蒂""敲声""纹理"和"好瓜"标签,表示西瓜是否为好瓜。表 4-3 所示为一个西瓜数据集。

表 4-3 西瓜数据集

编号	色泽	根蒂	敲声	纹理	好瓜
1	青绿	蜷缩	浊响	清晰	是
2	乌黑	蜷缩	沉闷	清晰	是
3	乌黑	稍蜷	沉闷	稍糊	是
4	青绿	蜷缩	浊响	稍糊	是
5	乌黑	蜷缩	浊响	稍糊	是
6	浅白	稍蜷	浊响	稍糊	是
7	青绿	稍蜷	清脆	清晰	否
8	青绿	硬挺	清脆	清晰	否
9	乌黑	硬挺	清脆	清晰	否
10	浅白	稍蜷	沉闷	稍糊	否

2. 特征选择

为了帮助选择最优特征进行划分,我们首先需要量化数据集的纯度或混乱度。信息熵(information entropy)由 Claude Shannon 在 1948 年提出,是信息论的核心内容。Shannon 通过量化信息的理论,奠定了现代通信和信息处理的基础。在决策树中,信息熵是度量样本集合纯度最常用的一种指标,信息熵可以度量数据集的纯度,帮助我们选择最优特征进行划分。特征选择的目标是使得划分后的子集尽可能纯,即子集中的样本尽可能属于同一类别。

假定数据集 D 中第 i 类样本占比为 $p_i (i=1,2,\cdots,k)$,k 为类别总数,则 D 信息熵为

$$\text{Ent}(D) = -\sum_{i=1}^{k} p_i \log_2 p_i \tag{4-29}$$

$\text{Ent}(D)$ 的值越小,则 D 的纯度越高。

对于西瓜数据集,首先计算数据集中"好瓜"和"坏瓜"的比例,分别为 $p(好)=0.6$,$p(坏)=0.4$。然后计算总体信息熵:

$$\text{Ent}(D) = -\sum_{i=1}^{k} p_i \log_2 p_i = -\left(\frac{6}{10}\log_2 \frac{6}{10} + \frac{4}{10}\log_2 \frac{4}{10}\right) = 0.971$$

这也是决策树刚开始时,根节点处的信息熵。

信息增益(information gain)则用来衡量通过某个特征进行划分后,信息的不确定性减少的程度。信息增益越高,特征越能有效地划分数据。若属性 a 有 V 个可能的取值 $\{a_1, a_2,\cdots,a_V\}$,则使用该属性对数据集进行划分时,该节点下方应有 V 个分支,其中第 v 个分支节点包含了取值为 a_v 的样本,记为 D_v。则属性 a 对数据集 D 的信息增益为

$$\text{Gain}(D,a) = \text{Ent}(D) - \sum_{v=1}^{V} \frac{|D_v|}{|D|}\text{Ent}(D_v) \tag{4-30}$$

信息增益越大,一般意味着使用该属性进行划分能够更显著地提升数据纯度。因此,信

息增益可以作为决策树划分属性的选择依据,即选择属性 $a_b = \arg\max\limits_{a \in A} \text{Gain}(D, a)$。Quinlan 提出的 ID3 决策树学习算法正是以信息增益作为选择划分属性的准则。

对于这里的西瓜数据集,我们要计算出当前属性集合{色泽,根蒂,敲声,纹理}中每个属性的信息增益。以属性"色泽"为例,它有 3 个可能的取值:{青绿,乌黑,浅白}。若使用该属性对 D 进行划分,则可得到 3 个子集,分别记为:D_1(色泽=青绿),D_2(色泽=乌黑),D_3(色泽=浅白)。

子集 D_1 包含编号为{1,4,7,8}的 4 个样例,其中正例占 $p_1 = 2/4$,反例占 $p_2 = 2/4$;D_2 包含编号为{2,3,5,9}的 4 个样例,其中正、反例分别占 $p_1 = 3/4, p_2 = 1/4$;D_3 包含编号为{6,10}的 2 个样例,其中正、反例分别占 $p_1 = 1/2, p_2 = 1/2$。根据式(4-29)可计算出用"色泽"划分之后所获得的 3 个分支节点的信息熵为

$$\text{Ent}(D_1) = -\left(\frac{2}{4}\log_2\frac{2}{4} + \frac{2}{4}\log_2\frac{2}{4}\right) = 1.000$$

$$\text{Ent}(D_2) = -\left(\frac{3}{4}\log_2\frac{3}{4} + \frac{1}{4}\log_2\frac{1}{4}\right) = 0.811$$

$$\text{Ent}(D_3) = -\left(\frac{1}{2}\log_2\frac{1}{2} + \frac{1}{2}\log_2\frac{1}{2}\right) = 1.000$$

于是,根据式(4-30)可计算出属性"色泽"的信息增益为

$$\text{Gain}(D, 色泽) = \text{Ent}(D) - \sum_{v=1}^{3}\frac{|D_v|}{|D|}\text{Ent}(D_v)$$

$$= 0.971 - \left(\frac{4}{10} \times 1.000 + \frac{4}{10} \times 0.811 + \frac{2}{10} \times 1.000\right)$$

$$= 0.047$$

类似地,可计算出其他属性的信息增益为:$\text{Gain}(D, 根蒂) = 0.571$;$\text{Gain}(D, 敲声) = 0.696$;$\text{Gain}(D, 纹理) = 0.125$。

显然,属性"敲声"的信息增益最大,于是它被选为划分属性。图 4-5 给出了基于"敲声"对根节点进行划分的结果,各分支节点所包含的样例子集显示在节点中。

图 4-5 基于"敲声"属性对根节点划分

3. 树的构建

利用决策树学习算法对每个分支节点作进一步划分,最终即可得到一棵完整的决策树,基本流程如图 4-6 所示。

在决策树的构建过程中,划分选择是核心。此外,主要有三种情况需要注意:对于给定数据集,若当前节点包含的样本全属于同一类别,则无须划分;若当前属性集为空,或是所有样本在所有属性上取值相同,无法划分,则把当前节点标记为叶节点,并将其类别设定为该节点所含样本最多的类别;若当前节点包含的样本集合为空,不能划分,同样把当前节点

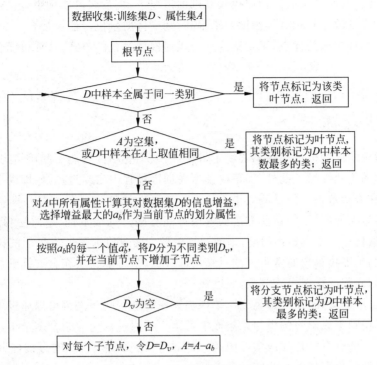

图 4-6　决策树学习的基本流程

标记为叶节点，但将其类别设定为其父节点所含样本最多的类别。

　　当然，以上只是对决策树学习基本流程的介绍。为了提高模型效果，还可进行各种优化，这里不再展开介绍。

　　在制造领域，决策树同样可被用于质量控制、故障诊断、生产过程优化等方面，帮助企业基于历史数据和实时信息做出更准确的决策，提升整体生产效率和质量管理水平。以制造缺陷的分析与抑制为例，采用决策树可以有效分析不同因素对制造缺陷的产生的影响，更好地解释缺陷形成的条件，并更加准确地预测和抑制缺陷的形成。例如，搅拌摩擦焊接（friction stir welding，FSW）中的孔洞缺陷严重影响焊接接头的力学性能，决策树可以有效识别缺陷产生的关键因素。一种简单的方法是收集焊接参数和材料参数等数据，通过决策树模型分析这些数据，找出影响孔洞缺陷的主要因素。决策树会自动建立规则，例如当焊接速度超过某一阈值或压力不足时，形成孔洞缺陷的风险增加。基于这些规则，我们可以调整焊接参数，减少缺陷发生，从而提高产品质量。当然，对于复杂的制造系统，还可以进一步考虑选取综合特征变量来描述系统，这可能比采用原始变量更加准确。例如，对于管道中的流体问题，虽然利用管道直径、平均流体速度、流体的密度和黏度等变量可以预测流动特性（层流或湍流），但一般认为雷诺数与上述四个独立变量相比可以更好地表示流体的流动特性。类似地，搅拌摩擦焊中的温度、应变速率、搅拌针的最大剪切应力和扭矩等特征参量会影响塑化材料的流动，它们可能更加直接地影响孔洞形成。基于这个思路，天津大学的研究人员通过计算得到的这四个特征参量对孔洞缺陷进行预测，结果表明，决策树模型对孔洞形成的预测准确率达到 96.6%。

　　与 4.3 节介绍的支持向量机相比，综合来看，如果任务的重点是对数据进行解释和决策支持,尤其是在具有明确层次结构或决策规则的情况下,决策树可能是更好的选择;如果需要处理复杂的高维数据且对分类精度要求很高,则支持向量机可能更适合。在某些情况下,也可以结合这两种方法的优点,采用集成学习或多模型融合的方式,这样可能会得到更好的效果。

4.5 随机森林

单棵决策树构建的模型往往不够稳定,样本的微小变动都可能引起树结构的较大变动,这会影响模型的预测结果。此外,决策树模型在训练过程中容易过拟合,即模型在训练集上表现很好,但在未知数据上的预测效果不佳。虽然可以通过划分测试集和训练集以及剪枝等方法来减轻过拟合问题,但这些方法的效果可能有限。更根本地,求解一棵最优(泛化误差最小)的决策树是一个 NP 难问题,即问题规模较大时难以穷尽所有可能的树结构来找到最优解。因此,单棵决策树通常得到的只是局部最优解,可能无法充分捕捉到数据中的复杂模式和特征,因此其泛化能力受到限制。

俗话说"三个臭皮匠,顶个诸葛亮",单棵决策树的这些问题是否可以通过多棵树一起来改善呢?这就用到集成学习的思想。集成学习是一种通过构建并结合多个学习器来完成学习任务的方法。随机森林是集成学习中的一种非常流行的算法,它通过构建并结合多棵决策树来提高模型的预测精度和稳定性。

1. 集成学习

集成学习(ensemble learning)是通过组合多个学习器来提升模型性能的方法,其核心思想是通过集成多个弱学习器,最终得到一个强学习器,从而提高整体模型的泛化能力和鲁棒性。集成学习一般包括两个主要步骤:生成个体学习器和结合个体学习器。首先使用某种学习算法从训练数据中生成多个个体学习器,这些学习器可以是同质的(如都是决策树或神经网络),这种情况下的个体学习器也称为基学习器;也可以是异质的(如包含决策树和神经网络),这种情况下的个体学习器被称为组件学习器。然后使用某种结合策略将多个个体学习器的预测结果结合起来,形成最终的预测结果。图 4-7 所示为集成学习的一般结构。

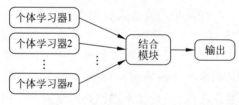

图 4-7 集成学习的一般结构

由于集成学习能够利用多个学习器的预测结果来减小单一学习器可能产生的偏差,它通常能够获得更好的泛化性能。根据个体学习器的生成方式,目前的集成学习方法大致可分为两大类:一是个体学习器间存在强依赖关系、必须串行生成的序列化方法;二是个体学习器间不存在强依赖关系、可同时生成的并行化方法。前者的代表是 Boosting,后者的代表是 Bagging 和随机森林,本节仅以后者为例进行简要介绍。

2. Bagging

在集成学习中,确保个体学习器之间具有一定独立性和多样性,是提高模型性能的关键。个体学习器之间的独立性可以防止它们犯相同的错误,从而提升最终集成模型的泛化能力。同时,每个个体学习器又不能太差,因为如果所有个体学习器的性能都很差,那么即使它们是独立的,集成后效果也不会理想。解决这个问题,选择合理的采样方法是关键。

Bagging(bootstrap aggregating)通过对初始训练集进行有放回的随机采样,生成多个相互有交叠的采样子集,在这些子集上分别训练多个基学习器,这样既可保证个体学习器的多样性,也不会因为样本量过少而导致学习器性能过差。具体地,对于包含 m 个样本的数据集,随机取出一个样本放入采样集中,再把该样本放回初始数据集,经过 m 次随机采样操作,即可得到含 m 个样本的采样集。通过这种方式,Bagging 算法可以生成多个大小与初始训练集相同的采样子集,并在每个采样子集上训练一个个体学习器。当然,由于是有放回的取样,初始数据集中的某些样本可能重复出现在采样集中,也可能未出现在采样集中。假设每次采样时样本被选中的概率为 $1/N$,其中 N 为样本总数,则不被选中的概率为 $(N-1)/N$。经过 N 次采样后,某个样本未被选中的概率为 $\left(\dfrac{N-1}{N}\right)^N \approx \dfrac{1}{\mathrm{e}}$,因此被选中的概率约为 $1-\dfrac{1}{\mathrm{e}} \approx 0.632$。即,在 Bagging 中,每个采样子集大约包含初始训练集中 63.2% 的独立样本。

将多个基学习器的预测结果进行结合,即可生成最终的预测结果。对于回归任务,Bagging 通常通过对个体学习器的预测结果进行平均来生成最终结果;对于分类任务,Bagging 通常通过多数投票的方式来生成最终结果,即选择出现次数最多的类别作为最终预测结果。

这种结合方式的目的是通过集成多个个体学习器的优势,抵消它们的弱点,从而提高整体模型的准确性和稳定性。那么,这是否会带来计算复杂度的显著提高呢? Bagging 算法的计算复杂度主要由三个部分组成:生成采样子集的复杂度、训练个体学习器的复杂度、投票或平均过程的复杂度。一般来说,采样与投票或平均过程的复杂度很小,而生成的个体学习器数量通常为一个不太大的常数,因此,从计算资源的角度来看,Bagging 是一个很高效的集成学习算法。并且,Bagging 能够灵活地应用于多种学习任务。

此外,每个个体学习器训练使用的采样集只使用了初始训练集中约 63.2% 的样本,剩余的约 36.8% 的样本未被个体学习器用作训练,这部分样本被称为包外样本(out-of-bag samples)。这些样本可以用来对基学习器的泛化性能进行包外估计(out-of-bag estimate),即使用这些样本作为验证集来评估基学习器的性能,或者用作多种其他用途,起到减小过拟合等作用。

3. 随机森林

随机森林(random forest,RF)由 Leo Breiman 在 2001 年提出,其核心思想是以决策树为个体学习器构建 Bagging,在每个采样子集上训练一棵决策树,生成多棵决策树组成的森林;并在此基础上增加了对特征的随机选择,从而进一步增强模型的多样性和泛化能力。即,在每个节点分裂时,随机选择一部分特征,然后在这些特征中选择最佳分裂特征。这与传统决策树在所有特征中选择最佳分裂特征的做法不同。

随机森林不仅利用了 Bagging 的优点,还通过在特征选择上的随机性进一步降低了模型对训练数据的敏感性,提高了泛化能力。随机森林在实际应用中表现优异:一方面,通过对样本和特征的随机选择,减少了模型的方差,因此抗过拟合能力强;另一方面,由于异常值和噪声不会同时影响所有树,随机森林对异常值和噪声具有较强的鲁棒性。此外,随机森林能够评估每个特征的重要性,为特征选择和特征工程提供重要依据。

总之,随机森林与 Bagging 的主要区别在于对特征的随机选择。Bagging 仅对样本进行随机采样,而随机森林在此基础上增加了对特征的随机选择。因此,随机森林在减少模型方差、提高泛化能力方面表现更佳。在相同数量的基学习器下,随机森林通常比 Bagging 表现更好。同时,随着基学习器数量的增加,随机森林的性能提升也更为显著。

4.6 本章小结

机器学习是人工智能领域最能体现智能的一个分支,是人工智能的一个核心研究领域。机器学习通过模拟或实现人类的学习行为以获取新的知识或技能,并且重新组织已有的知识结构来不断改善自身的性能。基于学习方式,机器学习可分为监督学习、无监督学习和强化学习等。

本章介绍了几种典型的监督学习方法,包括线性回归、支持向量机、决策树、随机森林等。线性回归通过拟合一个超平面(在二维空间中为直线)来最小化预测值与实际值之间的误差,适用于连续型变量的预测;支持向量机通过寻找最优划分超平面来最大化类间间隔,实现数据分类,并可以通过核函数将数据映射到高维空间,以处理线性不可分的情况;决策树通过学习数据特征的分裂规则构建树状模型,逐步划分数据集以进行分类;随机森林则是基于多个决策树的集成学习方法,通过对多棵树的结果进行投票或平均,提升模型的准确性和鲁棒性。

习题

1. 简述机器学习的基本概念,并基于不同角度对机器学习方法进行分类。
2. 对于线性回归问题,试对比分析采用最小二乘法和监督学习方法的特点。
3. 试简述支持向量机的主要原理与步骤。
4. 支持向量机中,核函数的作用是什么?任意函数都可以作为核函数吗?给出几种常用的核函数。
5. 通过计算,为表 4-3 中的数据生成一棵完整的决策树。
6. 随机森林通过哪些措施改进决策树模型的预测效果?

参考文献

[1] 周志华.机器学习[M].北京:清华大学出版社,2016.
[2] 廉师友.人工智能导论[M].北京:清华大学出版社,2020.

［3］　王万良.人工智能导论［M］.北京：高等教育出版社,2017.

［4］　贾可荣,张彦铎.人工智能［M］.北京：清华大学出版社,2018.

［5］　SAMUEL A L. Some studies in machine learning using the game of checkers［J］. IBM Journal of Research and Development,1959,3(3)：210-229.

［6］　MITCHELL T M,MITCHELL T M. Machine learning［M］. New York：McGraw-Hill,1997.

［7］　QUINLAN J R. Induction of decision trees［J］. Machine Learning,1986,1：81-106.

［8］　杜杨.机器学习预测铝合金搅拌摩擦焊孔洞缺陷形成及其补焊的仿真［D］.天津：天津大学,2024.

［9］　BREIMAN L. Bagging predictors［J］. Machine Learning,1996,24：123-140.

［10］　BREIMAN L. Random forests［J］. Machine Learning,2001,45：5-32.

［11］　WOLPERT D H,MACREADY W G. An efficient method to estimate bagging's generalization error ［J］. Machine Learning,1999,35：41-55.

第5章

人工神经网络

人脑以其复杂性和独特性使人类具备高度智能，是推动人类进步和理解自我与世界的核心器官。基于对大脑这一复杂系统的研究，人们试图通过对其神经网络进行抽象并建立简化模型，来模拟和实现类似的智能行为，从而发展出了人工神经网络。尽管人工神经网络远不是人脑生物神经网络的真实写照，但这种简化模型的确能反映出人脑的许多基本特性，表现出良好的智能特性。在当今信息时代，人工神经网络作为机器学习的重要分支，已经在图像识别、自然语言处理等多个领域展现出了强大能力，成为推动人工智能技术不断进步的重要力量。

本章简要介绍人工神经网络的基本概念和模型原理，借此介绍神经网络的基础知识，一方面为后续章节学习深度神经网络奠定基础；另一方面，简单有效的神经网络在很多场景下仍然可以发挥重要作用。

5.1 人工神经网络概述

1. 人工神经网络的发展历程概述

人工神经网络(artificial neural network，ANN)简称神经网络，是受生物神经系统启发而设计的一种计算模型，通过大量简单的计算单元(即人工神经元)之间的连接和相互作用，能够完成复杂的模式识别、数据分类和预测等任务。

生物神经网络由大量神经元及其连接(突触)组成，每个神经元通过树突接收其他神经元传递来的信号，并通过轴突将信号传递给其他神经元。突触是神经元之间进行信息传递的关键部位，突触的连接强度决定了信号传递的效率和效果。神经元接收多个激励信号，综合这些信号的结果，呈现出兴奋或抑制状态。兴奋状态的神经元会传递信号，激活其连接的其他神经元，而抑制状态的神经元则会抑制信号传递。神经元的这种状态变化是信息处理的基础，通过这种方式，大脑能够执行复杂的信息处理任务。大脑的学习过程实际上是神经元之间连接强度随外部激励信息作自适应变化的过程。外部刺激(如感官输入、经验和环境变化)会引起神经元之间的突触连接强度的变化，这种变化被称为神经可塑性。通过这种自适应变化，大脑能够从经验中学习和调整自身，以更有效地处理和响应外界信息。基于生物神经网络的这些特点，科学家进行简化和抽象，提出了人工神经网络。

人工神经网络的发展历史较长，第1章中也有所提及，这里不再赘述。图 5-1 列出了神经网络发展过程中起过重要作用的十几种著名神经网络,它也是神经网络发展史的一个缩影。受篇幅所限,本书后续章节不会具体介绍这些传统的神经网络,而是直接将重心放在现代神经网络。

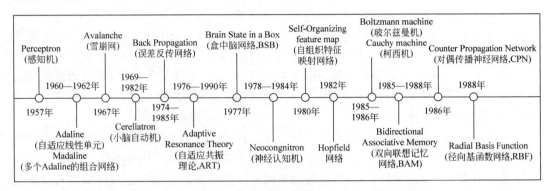

图 5-1 对神经网络发展历史有重要影响的部分早期神经网络

随着海量数据时代的到来,原来的浅层神经网络已经不能满足实际应用的需要,新的模型和相应算法的需求迫在眉睫。2006 年,Hinton 提出的深层网络预训练算法为解决深度学习的训练难题带来了曙光。深度学习的动机在于建立可以模拟人脑进行分析学习的深层神经网络,它模仿人脑的机制来解释数据,如图像、声音和文本。2012 年,Hinton 和他的学生 Krizhevsky 等开发的卷积神经网络 AlexNet 在 ILSVRC 图像分类挑战中强势夺冠,掀起深度学习计算机视觉狂潮。2013 年 4 月,《麻省理工学院技术评论》杂志将深度学习列为2013 年十大突破性技术之首。2014 年,Ian Goodfellow 等学者提出生成对抗网络。2016—2017 年,AlphaGo 先后战胜李世石和柯洁。2022 年,OpenAI 发布 ChatGPT,更是引起广泛关注。当前,以深度学习为代表的新一代人工智能蓬勃发展。

2. 人工神经网络的分类

发展至今,神经网络的模型很多,根据神经网络的结构或信息流向,可大致分为前馈神经网络和反馈神经网络。

前馈神经网络(feedforward neural network)是一种基本的神经网络结构,信息在网络中单向流动,从输入层经过一系列隐藏层最终到达输出层,不形成循环。其特点是结构简单,易于理解和实现,主要用于处理静态数据,如图像和表格数据。前馈神经网络的学习过程主要通过反向传播算法来调整权重,使得网络能够学习输入与输出之间的复杂映射关系。前馈神经网络有多种子类型,其中包括全连接神经网络(fully connected neural network,FCNN)、卷积神经网络(convolutional neural network,CNN)和生成对抗网络(generative adversarial network,GAN)等。全连接神经网络是最简单的一种形式,每个神经元与下一层的每个神经元完全连接。卷积神经网络则通过卷积层和池化层来处理图像和视频数据,卷积层提取局部特征,池化层降低数据维度和计算复杂度,使其在计算机视觉领域表现出色,这些我们将在第 6 章具体介绍。生成对抗网络则通过对抗性训练生成新的数据样本,其中生成器试图生成逼真的数据,而判别器则试图区分生成的数据和真实数据,这种对抗性训练使得生成对抗网络在图像生成等领域表现出色,这些我们将在第 8 章具体介绍。

反馈神经网络(feedback neural network)是另一类网络结构,允许信息在时间步之间循环回流,从而能够处理序列数据。其特点是具有循环结构,隐藏状态可以在时间步之间传递,使得网络能够记住过去的状态,并将其用于当前时间步的计算。这使得反馈神经网络特别适合处理时间序列数据,如文本、语音和时间序列预测。反馈神经网络的子类型包括循环神经网络(recurrent neural networks,RNN)及其改进变型长短期记忆网络(long short-term memory network,LSTM)和门控循环单元(gated recurrent units,GRU)。标准循环神经网络通过简单的循环连接传递隐藏状态,但容易出现梯度消失问题。长短期记忆网络通过引入输入门、遗忘门和输出门等门控机制,有效解决了梯度消失问题,能够捕捉长期依赖关系。门控循环单元结构与长短期记忆网络类似,但简化了门控机制,计算效率更高。这些我们将在第 7 章具体介绍。

大多数情况下,当我们讨论反馈神经网络时,通常指的是上面提及的具有时间反馈的网络,如循环神经网络及其变型。而在空间上的反馈机制中,信息在同一时间步的不同层或同一层的不同神经元之间进行传递,这种机制使得网络能够更复杂地处理当前输入的空间信息,但在实际应用中不如时间反馈常见。例如,某些递归神经网络(recursive neural networks)可能在同一层的神经元之间具有反馈连接,以便在空间上更复杂地处理输入;某些图神经网络(graph neural network,GNN)中,信息可以在图的节点之间迭代更新,形成类似于反馈的结构,这种反馈更多是空间上的,因为它们处理的是图结构数据,如社交网络、知识图谱和化学分子等。

本章作为人工神经网络的基础,从基本的神经元模型讲起,以多层感知机为例,介绍现代神经网络的相关基本知识,为后续章节介绍几种常用的深度学习网络奠定基础。

5.2 神经元模型

神经元是神经系统的基本功能单位,是传递和处理信息的核心组成部分。生物神经元通过电化学信号在神经网络中相互连接和通信,从而执行各种复杂的感知和动作控制任务。受到生物神经元的启发,人们提出了人工神经元的概念,作为人工神经网络的基本构件。

在人工神经网络中,神经元常被称为"处理单元"。每个神经元接收来自其他神经元或输入层的信息,通过一定的计算过程生成输出信号,再传递给下一个神经元层。神经元通过加权输入信号和激活函数来模拟生物神经元的功能,从而完成复杂的计算和模式识别任务。

最初的神经元模型是心理学家 Warren McCulloch 和数学家 Walter Pitts 于 1943 年提出的 MP 神经元。MP 神经元是一种简单的二进制模型,每个输入都有一个固定的权重,神经元通过一个简单的阈值函数决定是否激活输出。这种模型虽然简单,但为后续更复杂的神经网络模型奠定了基础。感知机(perceptron)是由心理学家 Frank Rosenblatt 在 1958 年提出的一种更复杂的神经元模型。感知机能够处理线性可分问题,并引入了权重学习规则,使得神经元可以通过训练数据调整权重,从而优化其性能。感知机是单层神经网络的基本构件,为多层感知机的发展提供了基础。

现代神经网络中的神经元模型和经典的神经元模型在结构上并无太多变化,但在激活函数上有了显著的改进。不同于 MP 神经元中的激活函数为 0 或 1 的阶跃函数,现代神经元中的激活函数通常要求是连续可微的函数。

如图 5-2 所示,一个典型的人工神经元模型可以用以下数学表达式表示:

$$a = f(\boldsymbol{w}^{\mathrm{T}}\boldsymbol{x} + b) = f\left(\sum_{i=1}^{n} w_i x_i + b\right) \qquad (5\text{-}1)$$

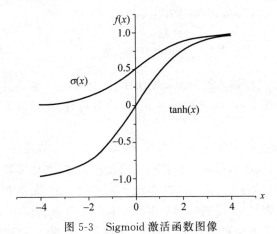

其中,a 为神经元的输出,非线性函数 f 称为激活函数(activation function)。神经元接收的 n 个输入表示为向量 $\boldsymbol{x} = [x_1, x_2, \cdots, x_n]$,各输入的权重表示为 $\boldsymbol{w} = [w_1, w_2, \cdots, w_n]$,$b$ 为偏置。

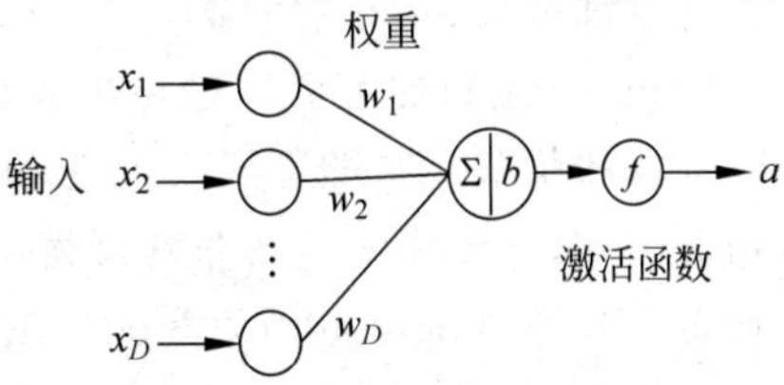

图 5-2　典型的神经元结构

激活函数在神经元中的作用至关重要。它将神经元的加权输入($\boldsymbol{w}^{\mathrm{T}}\boldsymbol{x} + b$)转换为输出信号,从而引入非线性变换,使得神经网络能够处理复杂的非线性问题。没有激活函数,神经网络的每一层输出都将是前一层输入的线性组合,这样的网络即使有多层,也只能表示线性变换,无法处理实际中广泛存在的非线性问题。除了非线性,激活函数须具备以下几个主要性质:

(1) 可微性。激活函数需要在定义域内可微,以便于反向传播算法进行梯度计算和参数更新。

(2) 输出范围有限。激活函数的输出范围应有限,以便于控制神经元的输出幅度,防止过大的输出值导致数值不稳定。

(3) 计算简便。激活函数的计算应尽量简单,以减少计算复杂度和时间,提高训练和推理的效率。

以下介绍三类常用的激活函数:Sigmoid 函数、ReLU 函数和 Softmax 函数。

1. Sigmoid 函数

Sigmoid 类激活函数是一类将输入的实数值映射到有限区间的 S 形函数,主要包括 Logistic 函数和 tanh 函数两种,函数图像如图 5-3 所示。它们广泛应用于神经网络的不同层中,尤其是早期的神经网络模型中。

图 5-3　Sigmoid 激活函数图像

Logistic 函数的公式为

$$\sigma(x) = \frac{1}{1 + \mathrm{e}^{-x}} \qquad (5\text{-}2)$$

这种函数的特性是将任意实数值映射到(0,1)区间。它的曲线是一条平滑的 S 形曲线,关于点(0,0.5)对称。Logistic 函数在整个实数域内是平滑和连续的,严格单调递增,并且在所有点都可导,其导数为 $\sigma'(x)=\sigma(x)(1-\sigma(x))$,因此处理十分方便。

Logistic 函数的主要优势在于其输出范围有限,适用于表示概率,并且曲线平滑,便于梯度计算和传播。它的不足之处在于存在梯度消失问题:当输入值非常大或非常小时,导数趋近于零,导致梯度更新非常缓慢。即,在输出值接近 0 或 1 时,梯度非常小,使得学习速度减慢。此外,Logistic 函数的输出值范围为 $(0,1)$,而不是对称于零,此时梯度的更新可能在正方向或负方向上偏移,从而导致参数更新的不平衡。这种不平衡可能会使得神经网络的训练变得更加困难,尤其是当网络层数较深时,这种影响会更加明显。相比之下,对称于零的输出(如 tanh 函数)可以更有效地平衡梯度更新,提高网络训练的效率。

tanh 函数的公式为

$$\tanh(x)=\frac{1-\mathrm{e}^{-x}}{1+\mathrm{e}^{-x}} \tag{5-3}$$

tanh 函数可以看作放大并平移的 Logistic 函数,即 $\tanh(x)=2\sigma(2x)-1$。tanh 函数将任意实数值映射到 $(-1,1)$ 区间,它的曲线是一条关于原点对称的平滑 S 形曲线。与 Logistic 函数类似,tanh 函数在整个实数域内是平滑和连续的,严格单调递增,并且在所有点都可导,其导数为 $\tanh'(x)=1-\tanh^2(x)$。

tanh 函数的主要优势在于其输出范围对称于零,有助于加快训练,并且相对于 Logistic 函数,tanh 函数在区间内的梯度较大,有助于缓解梯度消失问题。然而,tanh 函数也存在梯度消失问题:当输入值非常大或非常小时,导数趋近于零,导致梯度更新非常缓慢。此外,相对于 ReLU 函数,tanh 的计算成本也较高。当然,针对 Sigmoid 函数计算开销较大的问题,考虑到函数在 0 附近近似线性而两端饱和,可以使用分段函数近似,即 Hard-Logistic 函数和 Hard-Tanh 函数。

2. ReLU 函数

ReLU(rectified linear unit)也叫 Rectifier 函数,其公式为

$$\mathrm{ReLU}(x)=\max(0,x)=\begin{cases}x, & x\geqslant 0 \\ 0, & x<0\end{cases} \tag{5-4}$$

ReLU 函数的特性是将输入的负值截断为零,正值保持不变。其曲线在 $x\geqslant 0$ 和 $x<0$ 处分别是线性的,不对称于零。ReLU 函数在 $x\neq 0$ 处可导,其导数为 1(如果 $x\geqslant 0$)或 0(如果 $x<0$)。

ReLU 函数的主要优势在于计算成本低,仅需一个最大值操作。它还引入稀疏性(约 50% 的神经元处于激活状态),可以减少神经元间相互依赖,并且缓解了梯度消失问题,使深层网络更易训练。然而,ReLU 函数存在"神经元死亡"问题:某些神经元可能永远不会被激活。此外,输出值全为非负,可能影响数据分布和学习效率。

在实际使用中,为了避免死亡 ReLU 问题,几种 ReLU 的变种被广泛使用,包括:带泄露的 ReLU(leaky ReLU)、带参数的 ReLU(parametric ReLU,PReLU)、指数线性单元(exponential linear unit,ELU)等,其函数图像如图 5-4 所示。

3. Softmax 函数

Softmax 函数是一种常用于分类问题的激活函数,特别是在神经网络的输出层。它将一个 K 维的实数向量转换为一个 K 维的概率分布向量。Softmax 函数的公式为

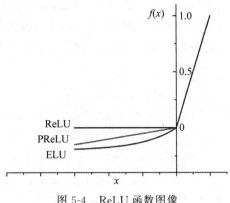

图 5-4 ReLU 函数图像

$$\sigma(z)_j = \frac{e^{z_j}}{\sum\limits_{k=1}^{K} e^{z_k}}, \quad j = 1, 2, \cdots, K \tag{5-5}$$

Softmax 函数将输出值转换为 0～1 之间的实数,并且所有输出值的和为 1,这使得它非常适合用于多分类问题的概率分布输出。同时,Softmax 函数会对最大值的输出进行放大,而对较小的值进行抑制,这带来较强的区分性,使得它在分类问题中非常有效。因此,Softmax 函数常用于神经网络的最后一层(输出层)来处理多分类问题,例如图像处理中的手写数字识别(MNIST 数据集)或图像分类(CIFAR-10 数据集),自然语言处理中的词嵌入模型(如 Word2Vec)、机器翻译模型(如 Seq2Seq)等。

5.3 多层感知机

需要说明的是,虽然最初所说的多层感知机一般指的是组成网络的每个神经元都为感知机神经元(激活函数为阶跃函数)的神经网络,但发展至今,人们习惯性把这类全连接的前馈神经网络统称为多层感知机(multi-layer perceptron,MLP),无论采用的激活函数是什么,包括 Sigmoid 等连续的非线性函数。因此除特殊说明外,后文中所提的多层感知机就是指全连接前馈神经网络。

5.3.1 多层感知机模型

为了方便后续分析,这里首先对多层感知机网络及其记号进行说明。

多层感知机是一种前馈神经网络,通常由输入层(第 0 层)、一个或多个隐藏层以及输出层组成。输入层接收外部输入信号,神经元数量等于输入数据的维度,输入层不进行任何计算,只是将输入数据传递到下一层。隐藏层位于输入层和输出层之间,可以有一个或多个隐藏层,每一隐藏层的神经元接收前一层的输出信号,通过加权和偏置计算得到新的信号,并通过激活函数处理后传递到下一层。隐藏层的作用是提取输入数据的特征。输出层的神经元接收最后一个隐藏层的输出信号,并将其转换为最终的输出。输出层的神经元数量通常等于目标输出的维度。

每一层的神经元与相邻层的神经元全连接,但同层之间没有连接。图 5-5 所示为多层感知机的示例。信号在多层感知机中以前馈方式流动,即从输入层通过隐藏层流向输出层,没有反馈环路。通过不断调整网络的权重和偏置,网络能够学习从输入到输出的映射关系。

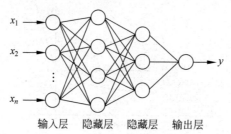

图 5-5　多层感知机示例

表 5-1 给出了描述多层感知机的记号。

表 5-1　多层感知机常用记号

记　号	含　义
L	网络的总层数(一般只计算隐藏层和输出层)
M_l	第 l 层的神经元数量
$f_1(\,\cdot\,)$	第 l 层神经元的激活函数
$\boldsymbol{W}^{(l)} \in \mathbf{R}^{M_l \times M_{l-1}}$	第 $l-1$ 层到第 l 层的权重矩阵
$\boldsymbol{b}^{(l)} \in \mathbf{R}^{M_l}$	第 $l-1$ 层到第 l 层的偏置
$\boldsymbol{z}^{(l)} \in \mathbf{R}^{M_l}$	第 l 层神经元的净输入(净活性值)
$\boldsymbol{a}^{(l)} \in \mathbf{R}^{M_l}$	第 l 层神经元的输出(活性值)

多层感知机通过迭代下面公式进行信息传递:

$$\boldsymbol{z}^{(l)} = \boldsymbol{W}^{(l)}\boldsymbol{a}^{(l-1)} + \boldsymbol{b}^{(l)} \tag{5-6}$$

$$\boldsymbol{a}^{(l)} = f_l(\boldsymbol{z}^{(l)}) \tag{5-7}$$

即,首先根据第 $l-1$ 层神经元的活性值 $\boldsymbol{a}^{(l-1)}$ 计算出第 l 层神经元的净活性值 $\boldsymbol{z}^{(l)}$,然后经过一个激活函数得到第 l 层神经元的活性值。

或合写为

$$\boldsymbol{z}^{(l)} = \boldsymbol{W}^{(l)} f_{l-1}(\boldsymbol{z}^{(l-1)}) + \boldsymbol{b}^{(l)} \tag{5-8}$$

或者

$$\boldsymbol{a}^{(l)} = f_l(\boldsymbol{W}^{(l)}\boldsymbol{a}^{(l-1)} + \boldsymbol{b}^{(l)}) \tag{5-9}$$

这样,将向量 $\boldsymbol{x}$ 作为第 1 层的输入 $\boldsymbol{a}^{(0)}$,多层感知机就可以通过逐层的信息传递得到网络最后第 L 层的输出 $\boldsymbol{a}^{(L)}$。因此,整个网络可以看作一个复合函数 $\phi(\boldsymbol{x}; \boldsymbol{W}, \boldsymbol{b})$,其中 $\boldsymbol{W}$、$\boldsymbol{b}$ 为网络中所有层的连接权重和偏置。即

$$\boldsymbol{x} = \boldsymbol{a}^{(0)} \to \boldsymbol{z}^{(1)} \to \boldsymbol{a}^{(1)} \to \boldsymbol{z}^{(2)} \to \cdots \to \boldsymbol{a}^{(L-1)} \to \boldsymbol{z}^{(L)} \to \boldsymbol{a}^{(L)} = \phi(\boldsymbol{x}; \boldsymbol{W}, \boldsymbol{b}) \tag{5-10}$$

5.3.2　神经网络的表达能力与近似理论

神经网络是一种强大的工具,能够用于各种复杂的模式识别和函数逼近任务。那么神

经网络是如何拥有这种强大的表达能力或逼近能力的？了解这点有利于我们深入理解神经网络的工作原理并更好地使用它。

多层感知机作为一种经典的神经网络结构，其理论基础已经得到了广泛的研究和验证。Minsky 等学者早期的研究就揭示了多层感知机的表达能力，他在 1969 年所著的 *Perceptron* 一书中指出，简单的感知机神经元（激活函数为阶跃函数）只能求解线性问题，能够求解非线性问题的网络应具有隐藏层，多层感知机从理论上可解决线性不可分问题。

考虑一个如图 5-6(a)所示的神经元，并令输入维度 $D=2$，其输出为

$$a = \begin{cases} 1, & w_1 x_1 + w_2 x_2 - b > 0 \\ -1, & w_1 x_1 + w_2 x_2 - b < 0 \end{cases} \tag{5-11}$$

则由方程 $w_1 x_1 + w_2 x_2 - b = 0$ 确定的直线成为二维输入样本空间上的一条分界线。线上方的样本用"＋"表示，它们使 $a>0$，从而使输出为 1；线下方的样本用"－"表示，它们使 $a<0$，从而使输出为 -1，如图 5-6(b)所示。显然，感知机的权重和偏置决定了分界线在样本空间中的位置，从而决定了输入样本的分类方式。如果初始分界线无法正确区分两类样本，通过调整权重和偏置，分界线的位置会随之变化。因此，对于线性可分问题，感知机总能达到正确分类。

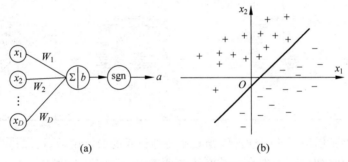

图 5-6　感知机对二维样本的分类

(a) 感知机模型；(b) 二维样本分类问题

可以很容易地将这种分类扩展到更高维的样本，设输入 n 维向量 $\boldsymbol{X} = [x_1, x_2, \cdots, x_n]^{\mathrm{T}}$，则在几何上构成一个 n 维空间。由方程

$$w_1 x_1 + w_2 x_2 + \cdots + w_n x_n - b = 0 \tag{5-12}$$

可定义一个 n 维空间上的超平面。此平面可以将输入样本分为两类。由此可以看出，一个最简单的感知机神经元具有分类功能。其分类原理是将分类知识存储于感知机的权重和偏置中，由此确定的分类判决界面将输入模式分为两类。

然而，单层感知机只能解决线性可分问题，而大量的分类问题是线性不可分的。克服这一局限性的有效办法是，在输入层与输出层之间引入隐藏层作为输入模式的"内部表示"，将单层感知机变成多层感知机。

仍以输入样本为二维向量的情况进行讨论，表 5-2 给出了具有不同隐藏层数的感知机的分类能力对比。不难想象，隐藏层中的每个感知机神经元确定了二维平面上的一条分界直线。多条直线经输出神经元组合后可构成各种形状的凸域。随着隐藏层神经元数量增加，可以使多边形凸域的边数增加，从而表达出任意形状的凸域。通过训练调整凸域的形

状,可将两类线性不可分样本分为域内和域外,再经过输出层神经元即可将域内外的两类样本进行分类。进一步地,双隐藏层感知机通过多个凸域的组合可以表示出任意复杂形状,若神经元数量充足,足以解决任何复杂的分类问题。

表 5-2　不同隐藏层数感知机的分类能力

分类能力	感知机结构		
	无隐藏层	单隐藏层	双隐藏层
判决区形状	半平面	任意凸域	任意复杂形状
判决区形状示意图			
复杂问题分类示意图			

实际上,如果我们采用非线性连续函数作为神经元的激活函数,可以进一步提高感知机的分类能力。这种情况下,决策边界不再是直线,而变为曲线,使得整个边界可以变得连续且光滑,且此时单个隐藏层就可能拥有更强大的分类能力。

随着神经网络的发展,关于其表达能力的理论研究进一步发展为通用近似定理。在神经网络的数学理论中,通用近似定理(universal approximation theorem),或称万能近似定理,指出了神经网络具有近似任意函数的能力。George Cybenko 于 1989 年证明了单一隐藏层、任意宽度,并使用 S 型 Sigmoid 函数作为激活函数的前馈神经网络的通用近似定理。具体地,我们可以构造一个由 Sigmoid 函数的线性组合形成的函数集,这个集合中的函数通过调整参数可以无限接近任何给定的连续函数。Kurt Hornik 在 1991 年证明,激活函数的选择不是关键,前馈神经网络的多层神经层及多神经元架构才是使神经网络成为通用逼近器的关键。

参考 Cybenko 的证明思路,我们可以给出对一个通用近似定理的直观理解:对于使用单隐藏层的感知机逼近二维复杂曲线的问题,我们首先可以调整神经元的权重和偏置参数,使得每个神经元的输出在特定的输入范围内呈现出近似恒定的输出,这些恒定输出构成了一个个台阶;基于此,只要有足够多的神经元,我们就可以将许多简单的、局部恒定的小区域组合为任意区间内的分段函数,从而实现对任意复杂函数的近似,如图 5-7 所示。

对于一个任意复杂程度的函数图形,如果我们希望用神经网络的输出图形来尽量贴合

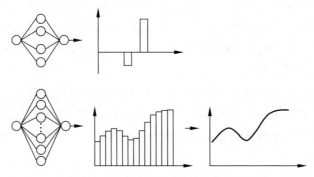

图 5-7　神经网络拟合任意曲线示意图

这条曲线，通用近似定理表明，即使我们采用的神经网络只有一个隐藏层，只要隐藏层中的神经元足够多，并且我们能够恰当地调整每个神经元的参数（如权重和偏置），就可以让神经网络的输出图形与原来的曲线无限接近。上面的例子为二维曲线，用于近似的台阶为小长方形；对于三维曲面，台阶为小立方体。在多维空间中，通用近似定理的思想依然适用，此时每个神经元控制一个超立方体。通过多个神经元的组合，可以将整个输入空间划分为多个这样的超立方体。这种逼近函数的方式与微积分中的微分有相似之处，两者都是通过局部分段来逼近整体函数。正如用积木搭建模型，不同的积木块可以看作神经网络中的神经元，只要有足够多的积木块，并且我们能够恰当地组合它们，就可以搭建出任何形状的复杂模型。

再回到前面讨论的分类问题中，我们实际上需要找到一定维度空间中的超曲面（线性可分问题中则为超平面）对样本进行分类。因此，只要我们可以使用神经网络去逼近划分超曲面，我们就可以实现分类任务。因此，神经网络的通用近似定理在分类问题和回归问题上是统一的。

神经网络的通用近似定理已经经过数学的严格证明，它的核心思想是：对于输入和输出的任意复杂映射关系，总可以找到神经网络以任意精度去拟合它，这甚至在只有一个隐藏层的情况下仍然成立。这对于理解神经网络的理论基础以及它们在实际应用中的强大表现能力提供了理论支持。

5.3.3　反向传播算法

尽管 Minsky 等学者早在 1969 年就指出了多层感知机强大的表达能力，但当时对含有隐藏层的神经网络的学习规则尚无所知，长期以来没有提出解决权值调整问题的有效算法。直到 1986 年，Rumelhart 等学者创建了可以训练的反向传播（back propagation，BP）神经网络。由于多层感知机的训练经常采用误差反向传播算法，我们也常把多层感知机直接称为 BP 神经网络。

神经网络基于反向传播算法的学习过程由两个主要阶段组成：信号的正向传播和误差的反向传播。在正向传播阶段，输入数据通过网络各层，逐层计算输出，最终产生预测结果。在反向传播阶段，从输出层开始，根据预测结果与真实标签之间的误差，逐层计算误差的梯度，并将这些梯度传回各层，用于更新网络的权重和偏置，从而最小化损失函数，使网络逐渐优化。

需要说明的是,在神经网络的各种参数中,权重和偏置等模型的内部参数需要在训练过程中更新,是反向传播算法更新的对象。而需要预先设定并且不会在训练过程中更新的参数称为超参数。超参数一般包括模型超参数(神经网络的层数和每层的神经元数量)和优化超参数(学习率、批量大小、迭代次数等)。

以随机梯度下降法为例,考虑一个样本(x,y)输入到神经网络后得到输出为$\hat{y}$。经过前馈计算后,我们已经得到每一层的净输入$z^{(l)}$和激活值$a^{(l)}$,直到最后一层。现在要计算损失函数$\mathcal{L}(y,\hat{y})$关于每个参数的导数。具体地,对第l层中的参数$W^{(l)}$和$b^{(l)}$计算偏导数,根据链式法则得

$$\frac{\partial \mathcal{L}(y,\hat{y})}{\partial W^{(l)}}=\frac{\partial \mathcal{L}(y,\hat{y})}{\partial z^{(l)}}\frac{\partial z^{(l)}}{\partial W^{(l)}} \tag{5-13}$$

$$\frac{\partial \mathcal{L}(y,\hat{y})}{\partial b^{(l)}}=\frac{\partial \mathcal{L}(y,\hat{y})}{\partial z^{(l)}}\frac{\partial z^{(l)}}{\partial b^{(l)}} \tag{5-14}$$

式(5-13)和式(5-14)中等号右边的第一项都是目标函数关于第l层的神经元净输入$z^{(l)}$的偏导数,一般称为第l层的误差项,表示为$\delta^{(l)}$。第l层的误差项通过将后面$l+1$层的误差项向前传播得到,根据链式法则得

$$\delta^{(l)}=\frac{\partial \mathcal{L}(y,\hat{y})}{\partial z^{(l)}}$$

$$=\frac{\partial \mathcal{L}(y,\hat{y})}{\partial z^{(l+1)}}\frac{\partial z^{(l+1)}}{\partial a^{(l)}}\frac{\partial a^{(l)}}{\partial z^{(l)}}$$

$$=((W^{(l+1)})^{\mathrm{T}}\delta^{(l+1)})\odot f'_l(z^{(l)}) \tag{5-15}$$

其中$\odot$是向量的 Hadamard 积运算符,表示每个元素相乘。可以看出,反向传播算法中,第l层的一个神经元的误差项是所有与该神经元相连的第$l+1$层的神经元的误差项按权重加权求和后,再乘上该神经元激活函数的梯度。

式(5-13)和式(5-14)中等号右边的第二项分别为l层的神经元净输入$z^{(l)}$对权重和偏置的偏导数,结合式(5-6),即$z^{(l)}=W^{(l)}a^{(l-1)}+b^{(l)}$,有

$$\frac{\partial z^{(l)}}{\partial W^{(l)}}=(a^{(l-1)})^{\mathrm{T}} \tag{5-16}$$

$$\frac{\partial z^{(l)}}{b^{(l)}}=I \tag{5-17}$$

其中,I为$M_l\times M_l$单位矩阵,M_l为l层的神经元数量。

因此,$\mathcal{L}(y,\hat{y})$关于第l层权重$W^{(l)}$的梯度为

$$\frac{\partial \mathcal{L}(y,\hat{y})}{\partial W^{(l)}}=\delta^{(l)}(a^{(l-1)})^{\mathrm{T}} \tag{5-18}$$

同理,$\mathcal{L}(y,\hat{y})$关于第l层偏置$b^{(l)}$的梯度为

$$\frac{\partial \mathcal{L}(y,\hat{y})}{\partial b^{(l)}}=\delta^{(l)} \tag{5-19}$$

在计算出每一层的误差项之后,我们就可以得到每一层参数的梯度,并可以通过梯度下降更新参数:

$$W^{(l)} = W^{(l)} - \eta \frac{\partial \mathcal{L}(\boldsymbol{y}, \hat{\boldsymbol{y}})}{\partial W^{(l)}} \tag{5-20}$$

$$\boldsymbol{b}^{(l)} = \boldsymbol{b}^{(l)} - \eta \frac{\partial \mathcal{L}(\boldsymbol{y}, \hat{\boldsymbol{y}})}{\partial \boldsymbol{b}^{(l)}} \tag{5-21}$$

图 5-8 给出了使用反向传播算法的随机梯度下降训练过程。

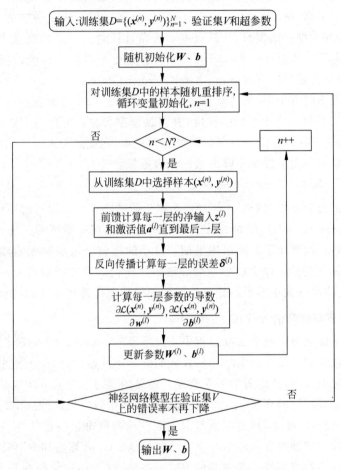

图 5-8　使用反向传播算法的随机梯度下降训练过程

反向传播算法通过计算图的链式求导实现了梯度的计算,而现代深度学习框架简化了这一过程,实际训练过程中,神经网络的参数梯度计算是通过自动微分技术自动完成的,这使得研究人员和工程师无须手动计算复杂的梯度,而可以专注于设计和优化模型。

5.4　多层感知机的改进

多层感知机是最基础的神经网络模型之一,本节以多层感知机为例对人工神经网络的优化改进方法进行介绍。多层感知机具备强大的函数逼近能力,在多种问题的处理中得到了广泛应用。然而标准的多层感知机在实际应用中仍存在一些不足,例如训练过程存在学习效率低、容易过拟合、梯度消失或梯度爆炸等问题。这些问题可以通过一些方法来改善,本节重点讨论这部分内容。

5.4.1　提高训练效率

1. 小批量梯度下降

在传统的梯度下降方法中,计算每次迭代的梯度时,需要使用整个训练集的数据,这种方法称为批量梯度下降(batch gradient descent)。虽然这种方法在理想情况下可以精确地计算梯度,但在处理大型数据集时,计算成本非常高且耗时。为了解决这个问题,我们可以将训练集划分为若干小批量(mini-batch),分别计算每个小批量的梯度,并逐步更新模型参数,这种方法称为小批量梯度下降(mini-batch gradient descent)。

在小批量梯度下降方法中,训练集被分成若干小批量,每个小批量包含若干样本。每次迭代(iteration)时,计算当前小批量的梯度,并更新模型参数;所有训练集的样本更新一遍为一个回合(epoch)。这种方法不仅可以降低计算成本,还通过引入一定的随机性来提高模型的泛化能力。基于小批量梯度下降方法的参数更新公式为

$$\theta_{t+1} = \theta_t - \alpha \, \nabla_\theta J(\theta; x^{(i:i+n)}) \tag{5-22}$$

其中,θ_t 为参数,α 为学习率,$J(\theta; x^{(i:i+n)})$ 为损失函数,$x^{(i:i+n)}$ 为当前小批量的数据。

批量大小(batch size)的选择对训练效率和模型性能有重要影响。选择合适的批量大小可以在计算效率和模型性能之间取得平衡。过小的批量会增加梯度的随机性,使得训练过程中的收敛更加不稳定;过大的批量会导致每次迭代的计算开销增大,并可能使收敛速度减慢,选择合适的批量大小需要根据具体问题和硬件条件进行实验和调整。

2. 学习率调节与梯度估计修正

学习率调节是优化神经网络训练过程中至关重要的一部分。学习率过高或过低都可能导致模型无法有效收敛。常见的策略是从较大的学习率开始,然后逐步减小,帮助模型在接近最优解时更稳定地收敛,即设置学习率衰减。常见的学习率衰减方法包括时间衰减(学习率随着时间逐渐衰减)、阶梯衰减(学习率在预设的训练步数后按比例减小)、指数衰减(学习率按指数规律衰减)等。此外,自适应学习率方法自动调整每个参数的学习率,使得训练过程更加稳定和高效。常见的自适应学习率方法包括 AdaGrad 算法和 RMSProp 算法。

AdaGrad 算法通过累积梯度平方和的方式动态调整学习率,使得在频繁更新的参数方向上自动减小步长,从而更适合处理稀疏数据。它的特点是会对每个参数单独调整学习率,根据历史梯度信息进行缩放。AdaGrad 算法的参数更新公式为

$$\theta_{t+1} = \theta_t - \frac{\alpha}{\sqrt{G_t + \varepsilon}} \, \nabla_\theta J(\theta_t) \tag{5-23}$$

式(5-23)中,学习率 α 被 $\sqrt{G_t + \varepsilon}$ 缩放,从而在更新较大梯度的方向上减小步长。其中,ε 为非常小的常量,G_t 为参数 θ_t 到 t 次迭代时的梯度平方的累计值:

$$G_t = \sum_{i=1}^{t} (\nabla_\theta J(\theta_i))^2 \tag{5-24}$$

RMSProp 算法改进了 AdaGrad 算法,通过对梯度平方和进行指数加权移动平均(即对每次迭代中梯度平方值进行加权平均),使得学习率在训练过程中不会过快减小,从而保持了较为稳定的更新步长。它主要解决了 AdaGrad 算法中学习率过快衰减的问题,适用于长

时间训练。其参数更新公式中的 G_t 变为参数 θ_t 到 t 次迭代时的梯度平方的移动平均：

$$G_t = \beta G_{t-1} + (1-\beta)(\nabla_\theta J(\theta_t))^2 = (1-\beta)\sum_{i=1}^{t}(\beta^{t-i}\,\nabla_\theta J(\theta_i))^2 \tag{5-25}$$

其中，β 为指数加权衰减因子，通常取值为 0.9。

除了调节学习率，还可以修正梯度估计，一般通过累积梯度信息来平滑梯度更新，提高训练过程的稳定性和收敛速度，如动量法中引入动量项 v_t 来平滑参数更新：

$$\theta_{t+1} = \theta_t - \alpha v_t \tag{5-26}$$

$$v_t = \beta v_{t-1} + (1-\beta)\,\nabla_\theta J(\theta_t) \tag{5-27}$$

其中，β 为动量因子（如 0.9）。通过结合当前梯度和过去梯度的加权平均，动量法可以减少参数更新过程中的震荡，加速收敛。

目前常用的 Adam 算法结合了动量法和 RMSProp 算法的优点，具有较快的收敛速度和较高的稳定性。Adam 算法一方面与动量法一样引入动量项 $v_t = \beta_1 v_{t-1} + (1-\beta_1)\nabla_\theta J(\theta)$，另一方面与 RMSProp 算法一样引入梯度平方的移动平均 $G_t = \beta_2 G_{t-1} + (1-\beta_2)(\nabla_\theta J(\theta))^2$。其中，$\beta_1$ 和 β_2 分别为两个移动平均的衰减率。

需要注意的是，在训练初期，梯度均值（梯度的一阶矩）和梯度平方的移动平均（二阶矩）还没有充分"积累"足够的信息，因此这些统计量会出现显著的偏差。为了修正这种偏差，使算法的估计更接近真实值，令

$$\hat{v}_t = \frac{v_t}{1-\beta_1^t} \tag{5-28}$$

$$\hat{G}_t = \frac{G_t}{1-\beta_2^t} \tag{5-29}$$

则 Adam 算法的参数更新公式为

$$\theta_{t+1} = \theta_t - \alpha\,\frac{\hat{v}_t}{\sqrt{\hat{G}_t}+\varepsilon} \tag{5-30}$$

3. 交叉熵损失函数

损失函数的选择在神经网络模型的训练过程中至关重要，不同的损失函数适用于不同类型的问题。在回归问题中，常用均方误差 MSE 作为损失函数，其计算预测值与实际值之间的平方差并取平均值。均方误差在回归任务中有效地量化了预测的准确性，但在分类任务中可能表现不佳。

对于分类问题，通常优先选择交叉熵损失函数。交叉熵损失函数衡量模型预测的概率分布与真实标签分布之间的差异。对于 m 个样本的二分类问题，$y \in \{0,1\}$ 为样本的实际标签，a 为样本的预测概率，则交叉熵损失函数的公式为

$$\mathcal{L}(\theta) = -\frac{1}{m}\sum\left[y\log(a) + (1-y)\log(1-a)\right] \tag{5-31}$$

这里的 log 通常是以 e 为底的自然对数。

交叉熵损失函数之所以能加速模型的收敛，主要是因为它可有效地度量模型预测概率分布与真实标签分布之间的信息量差异。它对模型错误预测的惩罚更加显著，尤其是当模型的预测概率远离真实标签时，交叉熵损失的值会急剧增加。这可以从式（5-31）中看出：

假设模型预测准确,如 $y=0$ 且 $a \to 0$,则方程中的第一项为 0,而第二项实际上就是 $-\ln(1-a) \approx 0$,损失函数值约为 0;反之,若模型预测不准确,如 $y=1$ 而 $a \to 0$,则损失函数为一较大值。实际输出和目标输出之间的差距越大,最终交叉熵的值就越大。这种特性使得优化过程更加敏感,从而推动模型更快地调整参数,减小误差。此外,交叉熵损失函数在梯度计算中表现出较大的梯度变化,使得参数更新更加有效,可以加速收敛速度。相较于均方误差,交叉熵损失函数提供了更直接的反馈,使得分类任务的训练过程更加高效和稳定。

5.4.2　过拟合与正则化

1. 过拟合

通用近似定理表明,神经网络拥有大量参数,能够逼近非常复杂的函数,但这并不意味着它总是一个好的模型。神经网络可以拟合训练数据中的所有细节和噪声,但这种过度拟合导致模型在面对新的数据时表现不佳,发生过拟合(overfitting)。因此,模型在陌生场景下的预测能力至关重要。对神经网络的要求不仅仅是在训练集上表现出色,而且要在新输入上表现良好,即其泛化能力(generalization ability)。

为了评估和提升模型的泛化能力,数据集通常被划分为三个部分:训练集(train set)、验证集(validation set)和测试集(test set)。训练集用于训练模型,通过调整模型的参数使其能够拟合训练数据。模型在训练数据上的误差称为训练误差(training error)。验证集用于在训练过程中评估模型的性能,并帮助选择最佳的模型超参数。在每个训练周期(epoch)结束时,模型会在验证集上进行评估,计算验证误差。如果验证误差持续下降,说明模型的泛化能力在提升;如果验证误差开始上升,则表明模型可能开始过拟合。模型在验证数据上的误差称为验证误差(validation error),是衡量模型泛化能力的重要指标。测试集则用于在训练完成后评估模型的最终性能,模型在测试数据上的误差称为测试误差(test error)。模型在训练过程中从未使用过测试集的数据,因此测试误差能够反映模型在新数据上的表现。因此,与验证集不同的是,测试集仅在模型训练完毕后用于最终评估,避免了模型在训练过程中"见过"测试集数据而导致的评价偏差。

我们真正关注的是测试误差,因此提升神经网络模型的效果不仅要降低训练误差,更要缩小训练误差和测试误差的差距。欠拟合是指模型不能在训练集上获得足够低的误差,模型未能捕捉数据中的基本模式;而过拟合是模型在训练集上的误差很低,但在测试集上的误差很高,训练误差和测试误差之间的差距太大,这说明模型过度拟合了训练数据中的噪声和细节。

模型的容量(capacity)描述模型拟合各种函数的能力。高容量的模型参数多,能够拟合更复杂的函数,但容易过拟合;低容量的模型只能拟合较简单的函数,容易欠拟合。因此,选择适当的模型容量至关重要。例如,图 5-9 展示了三种情况,分别为用线性、二次函数和五次函数拟合真实为二次函数的效果。即 $\hat{y}=b+\sum_{i=1}^{n} w_i x^i, n=1,2,5$ 三种情况。线性函数模型的容量过低,无法刻画真实函数的曲率,所以欠拟合。五次函数能够表示正确的函数,但是容量较高,能够表示很多刚好穿越训练样本点的其他函数,但我们难以从众多不同的解中选出一个泛化良好的。在这个问题中,二次模型非常符合任务的真实结构,因此它可以很好地泛化到新数据上。

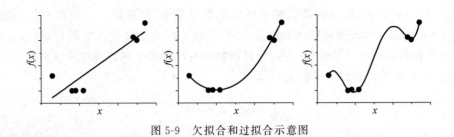

图 5-9　欠拟合和过拟合示意图

通常,当模型容量上升时,训练误差会下降,直到其渐近最小可能误差;而泛化误差是一个关于模型容量的 U 形曲线函数,如图 5-10 所示。因此,我们需要选择一个既不过于简单也不过于复杂的模型,以达到低的训练误差和良好的泛化性能。

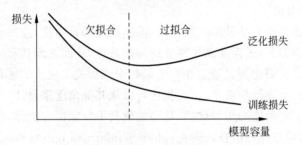

图 5-10　容量和误差之间的典型关系

2. 正则化

正则化(regularization)是防止过拟合的方法,其基本思想是通过在损失函数中添加约束项等各种策略减少模型在训练数据上的过度拟合,提升模型在未见过的数据上的泛化能力。下面介绍几种常用的正则化方法。

1) L1 和 L2 正则化

L1 正则化在损失函数中添加权重绝对值之和的约束项,即

$$\mathcal{L} = \mathcal{L}_0 + \lambda \parallel w \parallel_1 = \mathcal{L}_0 + \frac{\lambda}{n} \sum_w \mid w \mid \tag{5-32}$$

其中,$\mathcal{L}_0$ 为正则化前的原始损失函数;λ 为正则化参数,控制正则化的强度;w 为模型的权重向量。

L2 正则化在损失函数中添加权重平方和的约束项,即

$$\mathcal{L} = \mathcal{L}_0 + \lambda \parallel w \parallel_2^2 = \mathcal{L}_0 + \lambda w^{\mathrm{T}} w \tag{5-33}$$

可以看出,正则化后的损失函数需要寻找最小化原始代价函数和小的权重之间的折中方案。较小的权重意味着模型对输入数据的依赖较小,更倾向于捕捉数据的全局趋势,而不是局部噪声。通过限制权重的大小,正则化有助于简化模型,并增强其对新数据的泛化能力。这样,模型不仅在训练数据上表现良好,在测试数据上也能保持较低的误差。

当然,L1 正则化和 L2 正则化的具体效果不尽相同。下面考察正则化项对权重的偏导数。L1 正则化项对权重的偏导数为

$$\frac{\partial}{\partial w_i}(\lambda \mid w_i \mid) = \lambda \cdot \mathrm{sign}(w_i) \tag{5-34}$$

这种梯度特性意味着,无论权重大小如何,L1 正则化都会以一个常数将权重向零方向缩小。

当权重绝对值$|w|$较小时,这种常量缩小的效果会更显著,甚至将一些权重直接压缩到零。这导致 L1 正则化倾向于生成稀疏的权重向量,保留少量重要特征的非零权重,其余权重趋向零。这种特性适用于高维数据,有效地进行特征选择有助于解释和理解模型。

L2 正则化项对权重的偏导数为

$$\frac{\partial}{\partial w_i}(\lambda w_i^2) = 2\lambda w_i \tag{5-35}$$

可以看出,权重越大,L2 正则化对其缩小的力度越大;权重越小,L2 正则化对其缩小的力度越小。因此,L2 正则化不会将权重完全压缩到零,而是将所有权重均匀地缩小,使得权重分布更平滑和均匀。这种特性可以防止模型对单一特征过于敏感,提升模型的稳定性和鲁棒性,且模型保留了所有特征的信息,适用于特征数目较少或希望保留所有特征的场景。

2)物理信息正则化

正则化的本质在于引入某种形式的约束,限制模型的自由度,使得模型在优化过程中不只关注对训练数据的拟合,还需要满足额外的限制条件,从而提高其在未见数据上的泛化能力。L1 正则化和 L2 正则化都是通过在损失函数中添加关于权重的惩罚项来实现的。

除通过对模型权重进行约束外,正则化还可以从其他角度来设计。例如,可以基于模型的特定领域知识来引入额外的正则化项,从而使模型不仅能拟合数据,还能满足领域内的某些已知物理规律,这就是物理信息正则化(physics-informed regularization)。

一般地,物理信息正则化后的损失函数公式为

$$\mathcal{L} = \mathcal{L}_{\text{data}} + \lambda_{\text{phys}} \mathcal{L}_{\text{phys}} \tag{5-36}$$

其中,$\mathcal{L}_{\text{data}}$ 为传统数据误差项,通常是均方误差(MSE);$\mathcal{L}_{\text{phys}}$ 为物理信息正则化项,表示神经网络预测结果对物理定律的偏离程度;λ_{phys} 为控制物理信息正则化项权重的超参数,决定物理信息约束对总损失的影响。由此通过衡量模型输出与物理定律之间的偏差来施加约束,从而保证模型不仅拟合数据,还能遵循物理规律。

物理信息神经网络(physics-informed neural networks,PINN)是由 George Em Karniadakis 等在 2019 年提出的一种新型神经网络框架。其核心思想是将物理定律(如偏微分方程,PDE)融入神经网络的训练过程,利用物理信息正则化项来引导模型学习。物理信息神经网络自提出以来,在科学计算和工程领域引起了广泛关注,其在流体力学、热传导、材料科学等领域展现了强大的应用潜力,极大地推动了物理与数据驱动方法的结合。

以成形制造过程为例,多层感知机通常可以将工艺参数(如激光制造中的激光功率、扫描速度等)作为输入,将加工质量指标(如表面粗糙度、力学性能等)作为输出,从而构建工艺参数与加工质量之间的函数关系。这种方式的优势在于能够直观地描述工艺参数对加工质量的影响,为优化生产工艺提供数据支持。然而,多层感知机的这种使用方法本质上是一个"黑箱",它忽略了物理过程的复杂性,没有揭示其中的物理机制。与此不同,物理信息神经网络预测的是物理量的演变过程。这种方法直接建模物理现象,揭示了物理过程的内部规律,而不仅仅是描述输入与输出的关系。

典型的物理信息神经网络的输入可以是时间、空间坐标等,输出则为与这些坐标相关的物理量,如温度、压力、速度等。当然,仅仅通过改变神经网络的输入和输出来建模物理过程并不足以让神经网络学会物理知识。复杂物理过程通常通过偏微分方程来描述,这些方程是物理知识的核心体现。基于通用近似定理,神经网络有能力拟合任何函数,但在实际应用

中，如果没有合适的引导，神经网络很可能只是对数据进行暴力拟合，而不是找到符合物理规律的解。物理信息神经网络正是通过在损失函数中添加物理信息正则化项，将物理定律作为一种约束条件，使得神经网络不仅拟合数据，还要遵循物理规律，从而实现物理过程的精确建模。例如，对于涉及计算流体动力学（computational fluid dynamics，CFD）的模型，其物理控制方程为纳维-斯托克斯方程（Navier-Stokes equations，NS 方程），则可以将神经网络模型预测的物理量代入 NS 方程，再将获得的残差作为正则化项引入损失函数。

3）Dropout

Dropout（随机丢弃）也是一种防止神经网络过拟合的正则化技术，它通过在训练过程中随机忽略一些神经元及其连接，使模型的权重分布更均匀，从而增强模型的泛化能力。

在每次训练迭代中，Dropout 以一定的概率 p（通常为 0.5）随机地将一部分神经元的输出设为零，这意味着这些神经元及其连接暂时从网络中移除，不参与前向传播和后向传播。Dropout 的操作只在训练过程中应用，测试时所有神经元都参与计算。但为了保持输出的一致性，神经元的输出按比例缩放（通常乘以 $1-p$）。

如图 5-11 所示，使用 Dropout 技术时，我们可以在开始时随机暂时删除神经网络中部分的隐藏神经元（图 5-11(b)中被删除的神经元用虚线表示），而输入层和输出层的神经元保持不变。

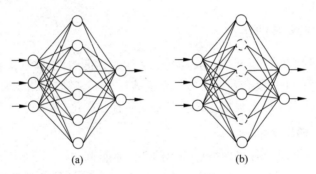

图 5-11　Dropout 示意图

Dropout 通过随机屏蔽神经元减少了过拟合现象，迫使神经网络在每次训练迭代中使用不同的子网络，从而防止特定神经元对训练数据过度依赖，提升模型的泛化能力。由于每次训练迭代中网络结构不同，Dropout 相当于训练了多个不同的子网络，最终的模型可以看作这些子网络的集成，从而提高了泛化能力。Dropout 的作用机制包括防止神经元共适应和减少神经元间的相互依赖，因为神经元在训练过程中不能依赖于固定的其他神经元的输出，从而被迫学习更加稳定和泛化能力更强的特征表示。

Dropout 简单易实现，只需在前向传播中添加随机屏蔽操作，并在测试阶段进行输出缩放，但可能增加训练时间，因为每次训练迭代中使用不同的子网络。Dropout 往往应用于训练大规模深度神经网络，这样的神经网络中过拟合问题往往特别突出。而在小型神经网络中，Dropout 可能会过度屏蔽神经元，导致模型无法有效学习。

4）人为扩展训练数据

人为扩展训练数据通常也被称为数据增强（data augmentation），是通过对现有训练数据进行各种变换来生成新的训练数据。这会增加训练数据量，使模型能够"看到"更多的不同场景,增强模型的泛化能力,具有类似于正则化的效果。数据增强在训练深度神经网络时尤为重要,尤其是在数据有限的情况下。

在图像分类任务中,数据增强的操作包括旋转、平移、缩放、翻转、裁剪等,通过这些操作可以生成更多变形的图像样本。通过这样的增强,模型能够学习到图像的不同变换,提高对图像变形的鲁棒性。此外,数据增强还包括调整图像的亮度和对比度,从而进一步增加数据的多样性。数据合成则可以将不同的数据样本进行组合,创建新的样本,如将不同人的面部特征合成一张新面孔。对于文本数据,常用的数据增强方法包括同义词替换、随机删除和随机插入。比如,在文本分类任务中,将"学习使我快乐"中的"快乐"替换为"开心",会生成"学习使我开心"的样本。这样可以增加数据的多样性,使得模型能够更好地理解不同的语言表达。在时间序列数据处理中,可以通过滑动窗口技术提取不同时间段的数据片段,或进行时间扭曲操作,如拉伸或压缩时间轴。这些方法可以帮助模型更好地学习时间序列的动态特征。还可以通过应用反映现实世界变化的操作来扩展训练数据,如通过增加背景噪声来扩展训练数据。然而这些技术并不总是有用的,例如,与其在数据中加入噪声,不如先清除数据中的噪声,有时这样可能更有效。

此外,生成对抗网络(将在第8章具体介绍)也是一种高级的数据增强方法,它通过生成新的样本来扩展训练数据。

5.4.3　深度网络训练

拥有更多隐藏层数的深层网络一般具有更强的表达能力,能够从复杂的数据中学习到更抽象的特征、捕捉到更加复杂和细致的数据模式。然而,随着网络层数的增加,训练神经网络时面临的一些难题也逐渐显现。这些问题复杂且多样化,本节进行简要讨论。

1. 梯度消失和梯度爆炸

梯度消失和梯度爆炸是深度网络训练中的两个常见问题。

梯度消失问题(vanishing gradient problem)发生在网络的较浅层(靠近输入层的层)中,其梯度在反向传播过程中逐渐变得非常小,从而导致权重几乎没有更新。在深度网络中,尤其是使用 Sigmoid 或 tanh 等激活函数时,这种情况尤为明显,因为这些函数在其极端值附近梯度变得非常小,这使得网络难以训练。例如,如果训练一个具有多个层的网络来识别图像中的物体,若较浅层的权重几乎不更新,网络可能无法学习到图像的基本特征,从而影响整个网络的性能。

具体地,在 5.3.3 节中,我们推导得到了误差在神经网络中反向传播的迭代公式:

$$\boldsymbol{\delta}^{(l)} = f'_l(\boldsymbol{z}^{(l)}) \odot ((\boldsymbol{W}^{(l+1)})^{\mathrm{T}} \boldsymbol{\delta}^{(l+1)}) \tag{5-37}$$

这表明,第 l 层的一个神经元的误差项是所有与该神经元相连的第 $l+1$ 层的神经元的误差项的权重和,再乘上该神经元激活函数的梯度。误差从输出层反向传播时,在每一层都要乘以该层的激活函数的导数。若使用 Sigmoid 型函数,即 Logistic 函数或 tanh 函数,其导数为

$$\sigma'(x) = \sigma(x)(1-\sigma(x)) \in [0, 0.25] \tag{5-38}$$

$$\tanh'(x) = 1 - (\tanh(x))^2 \in [0, 1] \tag{5-39}$$

Sigmoid 型函数的导数的值域都小于或等于1,且饱和区的导数都接近 0(图 5-12),误差经过每一层传递都会不断衰减,当网络层数很深时,梯度就会不停衰减,甚至消失,使得整

个网络很难训练。

在深度神经网络中,减轻梯度消失问题的方法有很多种,后面章节中我们也会继续讨论。一种简单有效的方式是使用导数比较大的激活函数,比如 ReLU 等;另外,可以通过引入残差网络(ResNet),在网络层之间引入跳跃连接,使得梯度可以直接通过这些连接传播,从而缓解梯度消失问题,这将在 6.3.1 节介绍。

在深度神经网络训练中,由于梯度的层层累积相乘,当层过多时,神经网络容易变得不稳定,除了梯度消失,还可能发生梯度爆炸,即梯度在反向传播过程中变得非常大,导致权重更新过度。

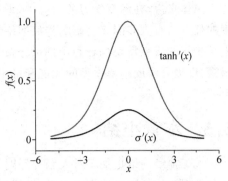

图 5-12　Sigmoid 型函数的导数

梯度爆炸问题在深度网络的训练中并不如梯度消失问题常见,但它可能发生在网络的权重初始化不当或者使用不合适的激活函数时。为了应对这个问题,我们可以使用合适的权重初始化策略,使用合适的激活函数、梯度裁剪技术和批归一化等,帮助防止梯度爆炸的发生。

2. 深度学习的其他障碍

除了梯度消失和梯度爆炸问题,深度学习还存在许多其他障碍。实际上,理解和优化深度学习训练的各个因素是一个复杂且持续的研究课题,需要研究人员系统地分析和评估影响模型性能的多个方面,包括但不限于激活函数、权重初始化、学习算法、神经网络架构和超参数等。以下仅作简要的启发式的分析。

激活函数的选择对梯度传播和网络性能有着显著影响。虽然 ReLU 及其变种在一定程度上缓解了梯度消失问题,但仍需进一步优化以适应不同的任务和网络结构。因此,后续仍可通过实验和理论分析,研究不同激活函数在各种任务中的表现,并开发新的激活函数来减少梯度消失和梯度爆炸问题。

权重初始化方法的合理性直接影响训练的稳定性和收敛速度。现有的初始化方法,如 Xavier 初始化和 He 初始化,虽然可以在一定程度上改进深度网络的训练效果,但如何根据具体任务和网络架构自适应地选择最佳初始化策略仍需进一步研究,研究者需探索和改进自适应初始化策略,确保权重在训练开始时合理分布,避免梯度消失或梯度爆炸。

学习算法的效率和稳定性是另一个关键因素。不同的优化算法在处理非凸损失函数、噪声数据和动态学习率调整方面存在差异,为了提高收敛速度和稳定性,设计鲁棒且高效的优化算法仍是研究的热点。

神经网络架构和超参数的选择对模型性能至关重要。通过系统研究网络架构对性能的影响,包括层数、每层的神经元数量、卷积核大小等,使用自动化机器学习(AutoML)技术进行架构搜索,可以自动化地寻找最优网络架构和超参数组合,减少人工调参的工作量。然而,尽管神经网络架构搜索(neural architecture search,NAS)等技术能在一定程度上自动化选择网络架构,但计算成本高、搜索空间大,如何高效地进行架构搜索仍是一个开放问题。

数据质量和泛化能力是影响深度学习效果的重要因素。模型在实际应用中的表现可能受限于数据质量和多样性,这需要持续的研究和改进。研究者需探索模型在小样本、噪声数据和数据分布漂移情况下的表现,开发更强的正则化技术和半监督学习方法,以充分利用少量标记数据和大量未标记数据。

总体来说,在深度学习的研究中,理解和优化训练难度的各个因素仍是一个复杂且多维度的任务。有太多因素会影响神经网络的训练难度,理解所有这些因素仍是当前的研究重点。未来的研究需要综合利用理论分析、实验验证和自动化搜索技术,不断探索和改进这些因素,以提升深度学习模型的性能和可用性。

5.5　本章小结

人工神经网络是基于对人脑神经网络的基本认识,对人脑神经网络进行抽象而建立的简化模型。神经网络的模型很多,根据神经网络内部信息的传递方向可分为前馈型网络和反馈型网络。

神经元是神经网络的处理单元。目前人们提出的神经元模型较多,如 Sigmoid 函数、ReLU 函数、Softmax 函数等。我们习惯把普通的全连接前馈神经网络称为多层感知机。在多层感知机中,各神经元分别属于不同的层,每一层的神经元可以接收前一层神经元的信号,并产生信号输出到下一层。第 0 层称为输入层,最后一层称为输出层,其他中间层称为隐藏层。整个网络中无反馈,信号从输入层向输出层单向传递。由于多层感知机的训练经常采用误差反向传播算法,我们也常把多层感知机直接称为 BP 神经网络。误差反传是将输出误差以某种形式通过隐藏层向输入层逐层反传,从而获得各层神经元的误差信号,此误差信号即作为修正各神经元参数的依据。参数不断调整的过程,也就是网络的学习训练过程。

基本的多层感知机存在一些不足,可以从多个方面改进,如提高学习效率、防止过拟合,前者可以采用在权值调整公式中增加动量项、自适应调节学习率、交叉熵损失函数等方式,对于后者则有一系列正则化技术(L1、L2 正则化,物理信息正则化,Dropout,人为扩展训练数据等)。使用更深的神经网络有望解决更复杂的问题,然而实践中深度神经网络的训练往往存在较大挑战,面临梯度消失等问题,这些问题受到许多因素影响,仍需不断探索和改进。

习题

1. 简述人工神经网络的分类及其特点。
2. 神经元模型主要包括哪些要素? 激活函数主要包括哪些?
3. 什么是多层感知机? 简要说明如何训练它。
4. 如何改进基本的多层感知机?
5. 试讨论深度神经网络的训练存在什么问题。

参考文献

[1]　韩力群,施彦.人工神经网络理论及应用[M].北京:机械工业出版社,2021.
[2]　维基百科.人工神经网络[Z/OL].(2024-08-03)[2024-08-20].https://zh.wikipedia.org/wiki/人工神经网络.

[3]　邱锡鹏. 神经网络与深度学习[M]. 北京：机械工业出版社,2020.

[4]　刘曙光,郑崇勋,刘明远. 前馈神经网络中的反向传播算法及其改进：进展与展望[J]. 计算机科学, 1996,23(1)：76-79.

[5]　NIELSEN M. 深入浅出神经网络与深度学习[M]. 朱小虎,译. 北京：人民邮电出版社,2020.

[6]　BISHOP C M,NASRABADI N M. Pattern recognition and machine learning[M]. New York：Springer,2006.

[7]　MCCULLOCH W S,PITTS W. A logical calculus of the ideas immanent in nervous activity[J]. The Bulletin of Mathematical Biophysics,1943,5：115-133.

[8]　PINKUS A. Approximation theory of the MLP model in neural networks[J]. Acta Numerica,1999,8：143-195.

[9]　CYBENKO G. Approximation by superpositions of a sigmoidal function[J]. Mathematics of control, signals and systems,1989,2(4)：303-314.

[10]　HORNIK K,STINCHCOMBE M,WHITE H. Multilayer feedforward networks are universal approximators[J]. Neural networks,1989,2(5)：359-366.

[11]　MINSKY M,PAPERT S A. Perceptrons,reissue of the 1988 expanded edition with a new foreword by Léon Bottou：an introduction to computational geometry[M]. Cambridge,MA：MIT Press,2017.

[12]　NAIR V,HINTON G E. Rectified linear units improve restricted Boltzmann machines[C]// Proceedings of the 27th International Conference on Machine Learning. Haifa：ICML,2010：807-814.

[13]　GLOROT X,BORDES A,BENGIO Y. Deep sparse rectifier neural networks[C]//Proceedings of the 14th International Conference on Artificial Intelligence and Statistics. JMLR Workshop and Conference Proceedings,2011：315-323.

[14]　SRIVASTAVA N,HINTON G,KRIZHEVSKY A,et al. Dropout：a simple way to prevent neural networks from overfitting[J]. The Journal of Machine Learning Research,2014,15(1)：1929-1958.

[15]　LECUN Y,BOTTOU L,BENGIO Y,et al. Gradient-based learning applied to document recognition [J]. Proceedings of the IEEE,1998,86(11)：2278-2324.

[16]　RAISSI M,PERDIKARIS P,KARNIADAKIS G E. Physics-informed neural networks：A deep learning framework for solving forward and inverse problems involving nonlinear partial differential equations[J]. Journal of Computational Physics,2019,378：686-707.

[17]　RAISSI M,YAZDANI A,KARNIADAKIS G E. Hidden fluid mechanics：Learning velocity and pressure fields from flow visualizations[J]. Science,2020,367(6481)：1026-1030.

第6章

卷积神经网络

　　图像数据在现代社会中无处不在,遍布我们的生产生活。例如,医疗机构每天产生大量的医学影像数据,这些影像数据需要被准确分析,以诊断疾病和制订治疗计划;制造业中产品质量检测和生产线监控需要处理大量的图像数据,自动化检测系统可以提高检测效率和精度,减少人为误差,并及时发现生产过程中的问题;自动驾驶汽车、交通监控系统和公共安全监控系统每天产生大量图像数据,快速、准确地识别和分析这些图像可以帮助进行交通管理和事故预防等;此外,每天都有海量的图片和视频被上传到社交媒体平台,这些图像数据一方面需要被分类、标记和推荐,以改善用户体验,另一方面需要进行内容审核,以确保平台的安全性和合规性。

　　人工分析这些图像、影像既费时又费力,因此对自动化处理的需求非常迫切。在传统的机器学习方法中,处理图像数据通常需要大量的手工特征提取和特征工程工作,这不仅耗时费力,还容易出错。科学家希望开发出一种算法,能够自动提取图像中的特征,减少人工干预,从而提升效率和准确性。人工智能需要一双能够读懂图像的"眼睛",或者更贴切地说,需要一套能够接收并理解图像信息的"视觉系统"。

　　在这样的需求驱动下,卷积神经网络(convolutional neural network,CNN)应运而生,用以模拟人类大脑中视觉皮层的工作方式,从而实现对图像和视频的理解。卷积神经网络也叫作卷积网络(convolutional network),用于处理类似网格结构的数据(图像数据就是二维的像素网格)。

　　本章首先介绍卷积神经网络的发展历程,包括视皮层工作原理的启发和代表性事件与模型等。然后具体介绍卷积神经网络的层级结构,包括卷积层和池化层的工作原理、批归一化与卷积神经网络优化等。接着介绍残差网络、Inception、卷积神经网络的迁移学习等内容。最后,以卷积神经网络在计算机视觉中的应用为切入点,探讨卷积神经网络在智能制造中的应用。需要说明的是,卷积神经网络的研究进展是如此迅速,新的网络结构层出不穷,但万变不离其宗,我们希望通过对本章的学习,读者可以掌握卷积神经网络的基本原理与应用,以此为基础理解或搭建起新的结构。

6.1　卷积神经网络概述

　　David Hubel 和 Torsten Wiesel 从 20 世纪 50 年代末开始对哺乳动物视觉系统进行了深入研究,并因此获得 1981 年诺贝尔生理学或医学奖。他们发现,视皮层中的许多神经元有一个小的局部感受野,这意味着它们只对位于视野中有限的一部分区域的视觉刺激有反应。不同神经元的感受野可能重叠,并且它们一起平铺了整个视野。此外,一些神经元只对水平线方向的图像做出反应,而另一些神经元只对不同方向的线做出反应(两个神经元可能具有相同的感受野,但对不同方向的线做出反应)。他们还注意到一些神经元具有较大的感受野,并且它们对较复杂的模式做出反应,这些模式是较低层模式的组合。这启发了视皮层信息处理分级的观点,更高级别的神经元基于相邻低级神经元的输出,视觉系统将原始信号从低级抽象逐渐向高级抽象迭代。这个强大的结构能够检测视野中任何区域的各种复杂图案。

这些对视皮层的研究启发了人工智能科学家,并逐渐演变成我们熟知的卷积神经网络。1980 年,Kunihiko Fukushima 提出神经认知机模型(neocognitron)。神经认知机将一个视觉模式分解成许多子模式(特征),然后进入分层递阶式相连的特征平面进行处理,它试图将视觉系统模型化,使其在即使物体有位移或轻微变形时也能完成识别。1989 年,Yann LeCun 等提出第一个真正意义上的卷积神经网络 LeNet,并于 1998 年进一步引入了 LeNet-5 架构,推动卷积神经网络成为第一个实现重要商业应用的神经网络,影响深远。到 20 世纪 90 年代末,基于卷积神经网络的支票读取系统已经被用于读取美国 10% 以上的支票。

2006 年,斯坦福大学李飞飞教授意识到算法研究中数据的重要性,并开始带头构建大型图像数据集 ImageNet。从 2010 年起,基于 ImageNet 的大规模视觉识别竞赛(ImageNet large scale visual recognition challenge,ILSVRC)拉开帷幕。直至 2017 年的收官赛,ILSVRC 成为机器视觉领域最受追捧也是最具权威的学术竞赛之一,代表了图像领域的最高水平。在 ILSVRC 竞赛中诞生了许多成功的图像识别方法,其中很多是基于卷积神经网络的深度学习方法,它们在赛后得到进一步发展与应用。

趣谈
ImageNet

2012 年,Hinton 和他的学生 Krizhevsky 等开发的卷积神经网络 AlexNet 在 ILSVRC 图像分类挑战中强势夺冠,掀起深度学习计算机视觉狂潮。AlexNet 是卷积神经网络发展的一个重要里程碑,它引入了多项新的技术并首次成功地应用在大规模图像分类任务中,包括 ReLU、Dropout 等。2012 年之前,图像分类最好的成绩是 26% 的错误率,而 AlexNet 直接将其降至 16%,这极大地激发了深度学习的商业热度。自此,卷积神经网络真正天下扬名,更多的、更深的网络被提出,如 2014 年 ILSVRC 图像分类冠军 GoogLeNet,2014 年 ILSVRC 图像分类亚军 VGGNet,2015 年 ILSVRC 图像分类冠军 ResNet 等。2016 年,我国公安部第三研究所选派的"搜神"(Trimps-Soushen)代表队在这一项目中获得冠军,将成绩提高到仅有 2.9% 的错误率。ILSVRC 部分参赛模型表现如图 6-1 所示。

总体而言,卷积神经网络是一种特殊的深度前馈神经网络,灵感来源于生物视觉神经系统中神经元的局部响应特性。它具有局部连接和稀疏响应特性,这意味着每个神经元只连接到前一层的部分神经元,符合生物神经元的工作方式。这样的设计减少了参数规模,避免了全连接网络中大量参数冗余的问题,从而有助于提升模型的泛化能力。卷积神经网络在深度学习和人工智能历史中发挥了重要作用,是最早取得良好表现的深度模型之一,推动了深度学习在各种领域的广泛应用。

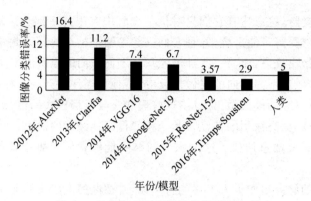

图 6-1 ILSVRC 图像分类参赛模型表现

6.2 卷积神经网络的层级结构

卷积神经网络是一种层次模型,通过多层结构逐层提取输入数据的特征。卷积神经网络主要由卷积层、池化层和全连接层组成,如图 6-2 所示。卷积层用于提取局部特征,池化层用于下采样和减少计算复杂度,全连接层用于对提取的特征进行分类或回归。通过反向传播算法,卷积神经网络在训练过程中不断调整参数,以优化模型性能。

典型的卷积网络整体结构可能包含 N 个卷积块(N 为 1～100 或者更大),每个卷积块为连续 M 个卷积层和 b 个池化层(M 通常设置为 2～5,b 为 0 或 1),最后连接 K 个全连接层(K 一般为 0～2),具体结构和数量依赖于任务需求。

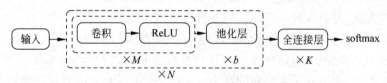

图 6-2 常用的卷积网络整体结构

6.2.1 卷积层的工作原理

卷积详解

卷积是一种重要的线性运算,通常用符号"$*$"表示,它表示通过两个函数生成第三个函数,如对于两个函数 f 和 g,它们的卷积 $(f*g)(t)$ 表示为

$$(f * g)(t) = \int_{-\infty}^{\infty} f(\tau)g(t-\tau)\mathrm{d}\tau \tag{6-1}$$

可以看出,$g(t-\tau)$ 实际上是对函数 $g(\tau)$ 作翻转和平移,然后与 f 乘积,并在整个区间内积分。从形象化角度来看,翻转类似于把函数 g 绕着坐标轴(y 轴)卷起、展开,然后平移(沿 x 轴)滑动经过函数 f,同时在每一个位置计算两个函数重叠部分的乘积和。这种翻转、滑动和累积过程反映了"卷积"名称的来源。

在卷积神经网络中,以图像处理为例,上述运算中的函数 f 为图像,函数 g 为卷积核。因此,卷积过程实际上是在一张图像上滑动卷积核(即滤波器),通过卷积运算得到一张新的图像(一组新的特征)。

给定一个图像 $\boldsymbol{X}\in\mathbb{R}^{M\times N}$ 和一个卷积核 $\boldsymbol{W}\in\mathbb{R}^{U\times V}$，一般 $U\ll M,V\ll N$，则其卷积输出为

$$\boldsymbol{Y}=\boldsymbol{X}*\boldsymbol{W} \tag{6-2}$$

输出图像 $\boldsymbol{Y}$ 中的元素 y_{ij} 为

$$y_{ij}=\sum_{u=1}^{U}\sum_{v=1}^{V}x_{i-u+1,j-v+1}w_{uv} \tag{6-3}$$

其中 (i,j) 从 (U,V) 开始。图 6-3 所示为一个二维卷积的示例。

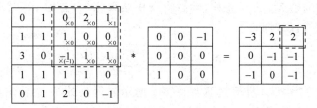

图 6-3　二维卷积示例

具体实现上，通常用互相关（cross-correlation）操作来代替卷积操作。互相关操作在本质上与卷积相似，只是没有对核进行翻转，可以认为是卷积的一个特例。用 $\otimes$ 表示互相关运算，则有

$$(f\otimes g)(t)=\int_{-\infty}^{\infty}f(\tau)g(t+\tau)\mathrm{d}\tau \tag{6-4}$$

对图像 $\boldsymbol{X}$ 和卷积核 $\boldsymbol{W}$，有

$$\boldsymbol{Y}=\boldsymbol{X}\otimes\boldsymbol{W}=\boldsymbol{X}*\mathrm{rot}180(\boldsymbol{W}) \tag{6-5}$$

其中 $\mathrm{rot}180(\cdot)$ 表示旋转 $180°$，$\boldsymbol{Y}\in\mathbb{R}^{M-U+1,N-V+1}$ 为输出矩阵，其元素为

$$y_{ij}=\sum_{u=1}^{U}\sum_{v=1}^{V}x_{i+u-1,j+v-1}w_{uv} \tag{6-6}$$

卷积神经网络中进行卷积或者互相关运算的部件就是滤波器，用于提取一个局部区域的特征。区别在于，传统的图像处理中的滤波器可能是一些常用的检测特定特征的滤波器，比如水平滤波器、垂直滤波器等。图像处理中还常用一些简单滤波器，如高斯滤波器、中值滤波器等，这些滤波器主要用于图像的平滑、去噪等任务，但这些滤波器并不具备学习能力，也难以处理复杂的图像识别任务中的旋转、变形等变化。与之不同的是，卷积神经网络中的滤波器（卷积核）中的参数是通过学习得到的，它们能够自动从训练数据中提取有用的特征表示，即让计算机自己学习理解图像所需的滤波器。

此外，通过堆叠多个卷积层，卷积神经网络能够提取从简单到复杂的图像特征：较低层的卷积层通常提取边缘、纹理等低级特征，而较高层的卷积层则能够组合这些低级特征，形成更高级、更抽象的特征表示。这种层次性的特征提取方式使得网络能够捕捉到图像中的复杂结构和模式。且这些滤波器具有自适应性和泛化能力，能够处理图像中的旋转、变形等变化。

在处理图像数据时，卷积层接收的输入通常是一个三维张量。其维度为 $H\times W\times C$，其中，H 表示图像的高度（height），即图像像素的行数；W 表示图像的宽度（width），即图像像素的列数；C 表示图像的通道数（channels），如彩色图像通常有 3 个通道（红、绿、蓝，RGB），

而灰度图像则只有 1 个通道。经过卷积操作,输入图像将生成一个或多个输出特征图(feature maps),或称为特征映射。每个特征图对应一个卷积核在图像上滑动、与输入数据进行点积运算后得到的输出。每个卷积核提取一种特定类型的特征,通过堆叠多个卷积层,网络可以逐步提取出越来越抽象的特征图,这些特征图在之后的网络层中进一步用于决策或分类。

CNN 详解

例如,如果我们希望对 D 通道的输入图像得到 P 个不同的输出特征图(例如,分别对应边缘、纹理、特定颜色或形状等),对每个输出特征图 $\boldsymbol{Y}^p$,我们可以用多个卷积核 $\boldsymbol{W}^{p,d}$ 分别对输入图像的不同通道 $\boldsymbol{X}^d$ 进行卷积,然后将卷积结果相加,并加上一个标量偏置 b^p,再经非线性激活函数进行运算即可:

$$\boldsymbol{Y}^p = f(\boldsymbol{W}^p \otimes \boldsymbol{X} + b^p) = f\left(\sum_{d=1}^{D} \boldsymbol{W}^{p,d} \otimes \boldsymbol{X}^d + b^p\right) \tag{6-7}$$

其中,$1 \leqslant p \leqslant P$,$1 \leqslant d \leqslant D$。计算过程如图 6-4 所示。得到的 P 个输出特征图 $\boldsymbol{Y}^1, \boldsymbol{Y}^2, \cdots, \boldsymbol{Y}^P$ 会作为后续层的输入,用于更复杂的特征表示和分类任务。

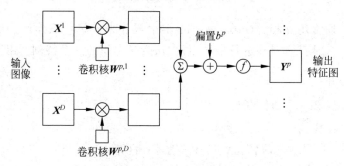

图 6-4　卷积层的计算示例

6.2.2　池化层的工作原理

池化(pooling)是卷积神经网络中的一种操作,用于对特征图进行降采样。其主要目的是通过减少特征图的空间尺寸降低计算量和参数数量,同时保留重要的特征信息。池化操作可以看作是一种特征降维的过程,通过对输入数据进行汇聚,提取出最显著的特征。

在图像处理任务中,除需要提取有用的特征外,还有几个重要的需求。首先是逐渐减少图像的空间分辨率,这有助于缩小数据的规模,并聚集信息,以便后续层能够处理更高级的特征。其次,平移不变性也是一个关键需求,即使图像发生了微小的平移或变动,特征提取过程仍应保持稳定,确保网络处理实际中的各种变动时的鲁棒性。

池化操作通过将特征图划分为不重叠的区域(如 2×2),并在每个区域内应用某种汇聚方法(如最大池化或平均池化)来实现这些需求。因此,有时也将池化称为汇聚或汇合,对应地将池化层称为汇聚层或汇合层。

在最大池化中,每个区域内选择最大值作为池化结果;在平均池化中,计算每个区域的平均值。这样,池化不仅有效地减少了特征图的尺寸,还增强了对局部形态变化的鲁棒性,保持了特征的不变性。池化层也可以看作一种特殊的卷积层,其中卷积核大小为池化窗口的大小,步幅与窗口大小相同,而卷积操作使用最大值或均值函数。图 6-5 给出了最大池化过程的示例,池化不但有效地减少了特征图的尺寸,池化后拥有了更大的感受野,还能对一些小的局部改变保持不变性。

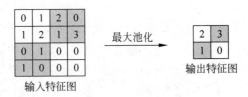

输入特征图

输出特征图

图 6-5　池化层中最大池化过程示例

在卷积神经网络中,池化层通常位于卷积层之后。卷积层负责从输入图像中提取特征,而池化层则进一步处理这些特征,逐步减小其空间分辨率。池化层的布置有助于控制网络的深度和计算复杂度,同时增强网络对特征的鲁棒性,在一定程度上防止过拟合,更方便优化。通过将池化层插入到卷积层之间,网络可以在保持计算效率的同时,更好地捕捉和整合高层次的特征信息。

虽然池化层在卷积神经网络中起到重要的作用,但它并不是网络设计中必需的选择。例如,有研究提出使用步幅卷积层(stride convolutional layer)来代替池化层进行降采样,即通过在卷积操作中使用大于 1 的移动步长来减少输出特征图的空间尺寸,这种方法可以减少网络的复杂性,并在一些情况下提供更好的分类性能。尽管如此,池化层仍然被广泛使用,因为它简单高效,能够有效地减少计算量、降低过拟合风险,并提升模型的整体表现。

6.2.3　批归一化与卷积神经网络优化

1. 批归一化

在深度神经网络的训练过程中,随着网络层数的增加,输入到每一层的数据分布可能会发生变化,这种现象被称为内部协变量偏移(internal covariate shift)。这种变化会导致网络训练不稳定,学习速率需要不断调整,网络训练过程变得缓慢且难以收敛。由于卷积神经网络通常具有大量的层级和参数,致使内部协变量偏移问题更加严重。为了解决这一问题,需使用批归一化。

批归一化(batch normalization,BN)是一种用于神经网络的技术,通过对每一层的输入数据进行标准化处理,提高训练的速度和稳定性。具体而言,批归一化通过对每个小批量中的数据进行重新中心化(re-centering)和重新缩放(re-scaling)来确保数据的均值为零,方差为 1。这一过程包括:

(1) 计算均值和方差:对小批量中的每个特征计算均值和方差。

(2) 标准化处理:将每个特征的值减去均值,然后除以标准差,从而得到标准正态分布的数据。

(3) 重新缩放和偏移:应用可训练的缩放因子(γ)和偏移量(β),使得网络能够恢复其表达能力。

作为对比,常见的其他归一化操作,如 L2 范数归一化是对特征向量进行标准化,使其 L2 范数为 1,这样可以提高特征的稳定性,但不考虑特征分布的变化;Sigmoid 函数归一化则通过将输入映射到 0～1 的范围来处理数据,这种方法可能导致梯度消失的问题。相比之下，批归一化在稳定性方面的表现优于 L2 范数和 Sigmoid 归一化，因为它处理了内部协变量偏移。此外，批归一化通常能加快训练速度，而 L2 范数和 Sigmoid 归一化可能在训练过程中需要更多的调整和优化。

批归一化通常被插入到网络的卷积层或全连接层之后，激活函数之前。这样，数据在经过激活函数之前就已经被归一化，使得训练过程更稳定、收敛更快。具体地，批归一化通过标准化输入数据，减少了激活值过大或过小的问题，从而缓解了梯度消失或梯度爆炸现象。同时，由于数据分布稳定，能够使用更高的学习率，提升训练速度。此外，通过在每个小批量上进行标准化，批归一化也具有一定的正则化效果，可以帮助减轻过拟合。

2. 卷积神经网络的其他优化方法

除了批归一化，还有许多其他优化方法可以提高网络的性能和训练效率。一些对于深度神经网络通用的改进方法同样适用于卷积神经网络，如我们在 5.4 节中讨论的学习率调节、激活函数选择和正则化技术等。实际上，一些改进技术正是在一些有影响力的经典卷积神经网络中提出然后被广泛应用的。作为补充，对于卷积神经网络的优化，下面仅针对数据预处理和参数初始化两个方面进行简要讨论。

1）数据预处理

数据预处理在卷积神经网络训练中至关重要，因为原始数据往往存在噪声、冗余信息以及不同的分布特征，这些都会影响模型的训练效果。预处理能够提高数据的质量，使得网络能够从更清晰、更一致的数据中学习，从而提高模型的泛化能力和训练效率。

数据预处理包括多种技术，如数据标准化、归一化和数据增强。标准化通常涉及将每个特征的均值调整为零，方差调整为一，确保输入数据具有一致的尺度。归一化则将数据压缩到一个特定的范围内，比如将像素值缩放到 0～1。数据增强则通过对训练数据进行各种随机变换（如旋转、平移、裁剪和缩放）来生成更多的样本变型，这有助于提升模型的泛化能力。

在经典的卷积网络中，如 AlexNet 和 VGGNet，数据预处理通常包括将输入图像缩放到固定大小，并进行均值减法（即减去训练集的平均图像）。数据增强技术在这些网络的训练中也被广泛使用，如使用随机裁剪和水平翻转等技术来扩展数据集。这些预处理步骤有助于网络在训练过程中"见到"更多变型的样本，从而提高其泛化能力。

2）网络模型参数初始化

网络参数的初始化对于训练过程的稳定性和速度具有重要影响。若初始化不当，可能导致梯度消失或梯度爆炸，进而影响训练的效果和速度。因此，合理的参数初始化方法能够加快网络收敛，减少训练过程中的不稳定性。

参数初始化方法包括零初始化、随机初始化、Xaviar 初始化和 He 初始化等。零初始化通常不推荐，因为它会导致所有神经元输出相同，阻碍学习。随机初始化则将参数设置为小的随机值，以打破对称性。Xaviar 初始化通过考虑输入和输出的数量来设置初始化范围，适用于 Sigmoid 和 Tanh 激活函数；He 初始化则专门为 ReLU 及其变型设计，能够避免激活函数在正向传播中引起的梯度消失问题。例如，在经典的卷积网络中，VGGNet 采用 Xaviar 初始化，实验结果表明这种初始化方法有助于提升网络的训练效果；ResNet 则使用 He 初始化，以适应其深层网络结构的需要，防止训练过程中的梯度消失问题。

许多深度学习专家总结了更多关于深度卷积神经网络的训练技巧，这些建议涵盖了模型训练的各个方面，读者可自行查阅。

6.3　卷积神经网络进阶

6.3.1　残差网络

神经网络的复杂度主要由深度(depth)和宽度(width)决定。尽管两者都在增加网络的复杂性方面起作用,但研究和实验表明,深度相对于宽度更为有效。然而,随着网络深度的增加,训练过程变得愈加困难。深度增加导致在基于随机梯度下降的训练中,误差信号在多层反向传播过程中容易出现梯度消失或梯度爆炸。虽然批归一化等方法能够在一定程度上改善这些问题,但问题依然存在。更为复杂的是,当深度网络收敛后,继续增加网络的深度反而会导致误差升高(图 6-6)。这是违反直觉的,因为从理论上讲,更深的网络至少应该能达到浅层网络的优化水平,而不是更差。这一困惑曾长期影响深层卷积神经网络的设计、训练和应用。

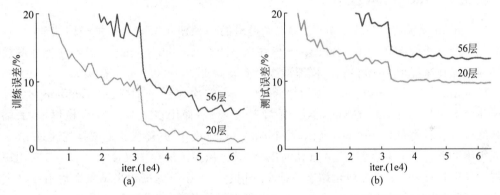

图 6-6　采用 20 层和 56 层普通卷积神经网络在数据集 CIFAR-10 上的训练误差(a)和测试误差(b)

残差网络(residual network,ResNet)是何恺明等提出的一种深度神经网络架构,它是 2015 年 ILSVRC 图像分类的冠军,且其论文 *Deep Residual Learning for Image Recognition* 获得 2016 年计算机视觉与模式识别会议(CVPR)的最佳论文奖,被引用超过 23 万次(谷歌学术 2024 年 8 月数据),成为人工智能领域被引用最多的文献之一。残差网络使得网络能够通过简单地增加层数来提高准确率,而不会导致训练困难,在深度学习领域产生了深远影响。

何恺明讲
ResNet

残差网络的核心思路是通过引入近路连接(shortcut connections),将输入直接加到经过多个层处理后的输出上,从而形成残差块(或称残差单元)。图 6-7 示出了一个典型的残差块。残差块由多个级联的(等宽)卷积层和一个跨层的直连边组成,再经过 ReLU 激活后得到输出。

假设在一个深度网络中,我们期望用非线性单元(几层的非线性层)$f(x;\theta)$ 去逼近一个目标函数 $\mathcal{H}(x)$。传统网络直接学习输入 x 到输出 $\mathcal{H}(x)$ 的映射关系;而残差网络让非线性单元 $f(x;\theta)$ 去近似残差函数 $\mathcal{F}(x)=\mathcal{H}(x)-x$,然后再用 $f(x;\theta)+x$

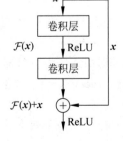

图 6-7　残差单元结构
　　　 示意图

去逼近 $\mathcal{H}(x)$,即

$$\mathcal{H}(x) = x + \mathcal{F}(x) \tag{6-8}$$

这相当于把目标函数 $\mathcal{H}(x)$ 拆分成两部分:恒等函数(identity function)x 和残差函数 (residue function)$\mathcal{F}(x)$。这似乎只是形式上的变化,但实际应用中,残差函数往往比原始 目标函数更容易学习。

通过引入残差块,残差网络转变了训练目标——不再直接学习输入到输出的映射,而是 学习残差(即输入和目标之间的差值)。这简化了优化问题,因为残差函数往往比直接映射更 接近零,从而使训练过程更加高效。另一方面,近路连接允许输入信息直接传递到网络的更深 层次,防止信息在多层之间丢失,并且使梯度信息可以在多个神经网络层之间有效传递,即使 对于特别深层的网络,也可以通过简单的随机梯度下降方法进行训练,实现端到端的学习。

总之,残差学习和近路连接缓解了梯度消失和梯度爆炸问题,使得更深层次的网络能够 有效训练。这允许构建和训练更深的网络,从而提高模型的表现能力。

6.3.2   Inception 模块

Inception 模块是由谷歌团队在 2014 年提出的一种创新型的卷积神经网络架构,旨在 提高网络的计算效率和性能。Inception 模块通过组合 1×1、3×3、5×5 等不同尺寸的卷积 核和池化操作来提取多尺度特征,同时减少计算复杂度。

Inception-v1 是 Inception 模块的第一个版本,首次应用于 GoogLeNet 网络(2014 年 ILSVRC 图像分类冠军)。GoogLeNet 由 22 个层组成,使用多个 Inception 模块,可大幅降 低参数数量和计算量。如图 6-8 所示,在 Inception-v1 模块中,输入特征图首先通过 1×1 卷 积减少维度和计算复杂度,然后并行地使用 3×3 卷积用于捕捉中尺度特征,5×5 卷积用于 捕捉大尺度特征,3×3 最大池化用于捕捉全局信息。每个分支的输出结果在通道维度上进 行拼接,即滤波器拼接(filter concatenation),形成最终的输出特征图。

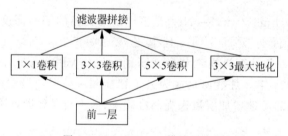

图 6-8   Inception-v1 模块示意图

Inception 模块经过多个版本的迭代不断优化。Inception-v2 和 v3 版本对原始 Inception 模块进行了优化,包括因子化卷积,将大卷积核分解为多个小卷积核,以减少计算 量,同时引入辅助分类器,在中间层添加额外的分类器,以增强梯度信息传播,缓解梯度消失 问题。Inception-v4 结合了 Inception 模块和残差连接的优点,通过在 Inception 模块中引入 残差连接,提高了网络的训练稳定性和性能。Inception-ResNet 版本进一步结合了残差网 络的优点,增强了网络的训练效果和预测性能。

Inception 模块实际上将传统的密集卷积操作转换为一种近似稀疏的结构,从而提高了 计算效率和特征提取能力。稀疏结构通常具有更高的计算效率和更好的特征提取能力,然

而,直接实现真正的稀疏结构在实际操作中比较困难,因为这通常需要在网络设计阶段进行复杂的结构优化和剪枝操作。而 Inception 模块采取几个创新性的措施来实现这一点,包括并行使用不同大小的卷积核和池化操作以提取多尺度特征、利用 1×1 卷积进行降维、引入因子化卷积来降低计算量,并通过特征拼接保留多种特征表示等。

总之,Inception 模块通过其独特的多尺度特征提取机制和高效的计算方式,显著提升了卷积神经网络的性能,并在多个计算机视觉任务中表现出色。不同版本的 Inception 模块不断优化和改进,进一步增强了网络的训练稳定性和性能,对深度学习研究和应用产生了深远的影响。

6.3.3 卷积神经网络的迁移学习

迁移学习(transfer learning)是一种将已学得的知识应用到新任务中的技术。其基本原理是利用在某一任务上训练好的模型,将其知识迁移到另一相关但不同的任务上。

卷积神经网络的迁移学习尤其重要,因为训练高性能的卷积神经网络通常需要大量的标注数据和强大的计算资源,而在实际应用中,获得这些数据可能很困难或昂贵。通过迁移学习,我们可以利用已经在大规模数据集上训练好的模型,将这些模型的知识迁移到新的任务上,从而在数据较少的情况下实现较好的性能。例如,假设我们有一个在大量猫狗图片上训练好的图像分类模型,这个模型能够识别出猫和狗的特征。如果我们想要训练一个新的模型来识别不同种类的鸟,直接从头开始训练可能需要大量数据和计算资源。但如果我们采用迁移学习,可以使用预训练的猫狗模型,将其在鸟类分类任务中作为起点。这种方法能大大加快训练过程,并且通常能获得更好的性能。这样做的合理性在于任务之间存在一定的相似性:猫狗和鸟类图像在低级特征(如边缘和形状)和中级特征(如部位识别)上存在共性,预训练模型在猫狗分类中学到的这些通用特征对于鸟类分类任务同样适用,因为这些特征在不同动物图像中具有普适性。因此,以预训练模型作为起点,可以减少新任务的训练复杂度并提高性能。

目前,利用在 ImageNet 上预训练(pre-training)的模型进行迁移学习已经成为计算机视觉领域的常用方法,甚至可以说是主流的实践。利用在 ImageNet 上预训练的模型进行迁移学习,可以在新的图像分类任务中大大提升分类准确性,同时节省训练时间和计算资源。

在实际应用中,迁移学习通常包括以下几个步骤:

(1) 选择一个在大规模数据集上预训练的模型,如 VGG16、ResNet 或 Inception。这些模型已经学习到了丰富的特征表示,可以用作新的任务的基础。

(2) 根据新的任务需求调整网络结构,通常是去掉原有的分类层,添加新的分类层或回归层。然后,对修改后的模型进行训练,这包括两种主要方法:特征提取和微调。在特征提取方法中,将预训练模型的前几层作为固定的特征提取器,仅训练新的分类层;而在微调方法中,对预训练模型的部分或全部参数进行进一步的训练,以更好地适应新任务。

(3) 对迁移学习模型进行评估,根据需要进一步优化模型参数或进行数据增强等操作。

迁移学习在各种任务中都有广泛应用。例如,在图像分类任务中,使用在 ImageNet 上预训练的 VGG16 模型,可以很容易地将其迁移到新的图像分类任务,如人脸识别、医疗图像分类等。通过微调,可以在较小的数据集上获得良好的分类性能。在目标检测任务中,使

YOLO 系列
算法

用预训练的卷积神经网络(如 ResNet 或 Inception)作为基础网络,可以显著提高检测性能。例如,可以在 YOLO 或 Faster R-CNN 模型中使用这些预训练网络来加速训练过程并提高检测准确性。

总体而言,迁移学习是一种高效的技术,能够显著提高模型性能,减少训练时间和数据需求。然而,它的效果依赖于预训练任务和新任务之间的相似性,并且在数据稀缺的情况下仍可能面临过拟合问题。因此,在实际应用中,选择合适的预训练模型和迁移学习方法至关重要。

6.4 卷积神经网络在计算机视觉中的应用

随着人工智能、计算机视觉等技术的不断成熟,以及各国智能制造相关政策战略的不断驱动,机器视觉产业快速发展。随着工业机器视觉应用越来越广泛,被检测对象越来越复杂,机器视觉应用从传统工业视觉向基于深度学习的 AI 工业视觉过渡。

传统工业视觉系统的应用实现,是在给定背景、光源以及采集光学器材参数的特定环境下,实现对目标感知区域拍摄的数字图像进行指定要求的处理,并提取特定的信息数据,输出给指定设备作为动作依据,所依赖的是预先明确的固定特征,由视觉工程师基于视觉任务的特定需求,进行目标特征的定义以及数值判断的阈值定义的实现。这种逻辑简单的局限性,使其无法适用于随机性强、特征复杂的工作任务,如随机出现的复杂外观缺陷检测。因此,目前业界越来越多地使用能解决此类复杂特征问题的深度学习。

深度学习方法作为传统神经网络的拓展,近年来在语音、图像、自然语言等的语义认知方面取得巨大的进展,为解决视觉大数据的表示和理解问题提供了通用的框架。图像视频内容复杂,包含场景多样、物体种类繁多,非受控条件下,图像和视频的内容受光照、角度、遮挡等影响变化大,图像视频数据量大,特征维度高,部分应用需实时处理,而深度学习方法的快速发展为解决上述问题提供了有效的途径。目前,深度学习算法的行业普遍技术水平已经能够达到 95% 以上的判定准确率。通过平衡漏判率和误判率,更加严格地控制漏判,可以让漏判率降到 $100\text{ppm}(1\text{ppm}=10^{-6})$ 以下,而误判率降到 5% 以下。

以下简要介绍卷积神经网络在计算机视觉中的应用。

6.4.1 图像分类

图像分类是计算机视觉的基础应用之一,通过对图像中的目标物体特征的提取、识别与分类,得到图像的类别区分结果。卷积神经网络的结构使得它尤其善于捕捉图像中物体的特征并加以区分,在智能制造领域中有着重要的应用潜力。例如,在产品的质量检测中,卷积神经网络能够区分产品的图像中是否存在缺陷,并标记出存在缺陷的产品,从而大大提高了检测的准确率和效率。将卷积神经网络融入自动化生产线中,可以大大提高生产效率与智能程度。目前,卷积神经网络在一些应用中表现出色,同时也在不断改进。如提高提取特征的鲁棒性、基于小样本的图像分类与识别应用等研究仍在不断进步。

这里展示一个针对含有裂纹的热轧钢带表面图像分类的实际案例。缺陷检测是保证工业生产质量的关键步骤,尤其是对于钢板等材料。然而在钢板表面曲线的检测方法中,由于光照和材料变化等问题影响，缺陷图像的灰度是变化的，同一类缺陷的外观可能存在较大的差异，图像受到光照和材料变化的影响也非常大。过去通常需要大量的人力对产品进行监测，而计算机视觉图像分类的研究为这一问题提供了自动化监测的可能性。

图 6-9 所示案例使用的热轧钢带表面图像数据集源自东北大学 NEU-CLS 数据集，目标是实现热轧钢带表面图像含/不含裂纹热轧钢带的分类任务。案例的模型架构主要通过卷积层、池化层与全连接层组合形成，作为一个分层特征提取器，它提取不同级别的特征，并通过几个全连接的层将裂纹块的原始像素强度映射到特征向量中。模型以监督学习的方式从数据中训练得到所有卷积滤波器的权重参数。在每个卷积层中模型都执行最大池化操作，以便汇总相邻像素的特征响应。这样的操作允许其学习空间不变的特征，使它们不会相对于图像中对象的位置而改变。使用全连接层进行分类，且由于潜在裂纹检测问题（裂纹或非裂纹）的互斥性，将 Softmax 层用作模型的最后输出层，以计算输入图像属于每个类别的概率。

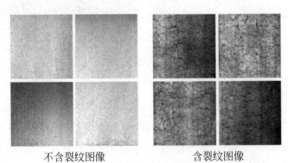

不含裂纹图像　　　　　　含裂纹图像

图 6-9　热轧钢带表面图像数据集

针对一个输入图像，最终输出结果是属于裂纹图像与属于非裂纹图像的两个概率，两个概率之和为 1。当分类为输入图像所属类别的概率大于 50％时认为判定正确。模型在测试集上的表现可以达到 95％以上的正确率。分类结果得到的判断正确的裂纹图像与判断正确的无裂纹图像案例如图 6-10、图 6-11 所示。

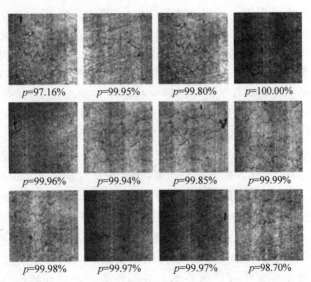

图 6-10　含裂纹图像分类，p 为判定为含裂纹图像的概率

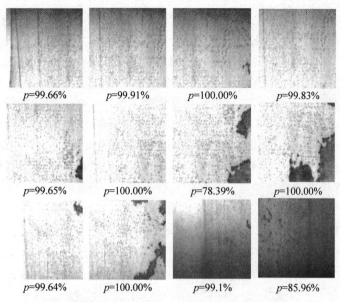

$p=99.66\%$　　$p=99.91\%$　　$p=100.00\%$　　$p=99.83\%$

$p=99.65\%$　　$p=100.00\%$　　$p=78.39\%$　　$p=100.00\%$

$p=99.64\%$　　$p=100.00\%$　　$p=99.1\%$　　$p=85.96\%$

图 6-11　不含裂纹图像分类，p 为判定为不含裂纹图像的概率

6.4.2　目标检测

目标检测是指识别并定位图像中的一个或多个特定目标，它的本质是通过对视觉信息进行解析，使得计算机能够理解图像的内容。卷积神经网络在智能制造行业中的目标检测应用已成为提高生产效率和质量的关键技术。举例来说，它可以用于帮助执行精确的自动装配、搬运和分拣任务，在产品制造中检测缺陷位置等。又如，自动驾驶中，目标检测技术能够帮助车辆理解周围环境，用于识别路标、行人、其他车辆等。目标检测已经成为智能制造的重要技术之一。

这里以陶瓷磨削过程中微裂纹的自动检测为例。工程陶瓷具有优异的硬度、韧性、高温性能和化学稳定性，已经在航空航天、汽车、核工业中展现出重要的应用价值，但是在工程陶瓷的加工过程中几乎不可避免地会产生微裂纹损伤，这大大损害了材料的结构完整性和强度。但是微裂纹的评价仍然有待研究，通过显微设备手动测量的方法缺少精确性且费时费力。尽管有一些无损检测技术（如声发射、偏振光散射等）可以间接地反映微裂纹损伤程度，但其检测范围和准确性仍然有限。而神经网络技术的发展为这一问题带来了新的可能性，基于卷积神经网络的图像处理算法能够很好地提取图像中的特征，并对工程陶瓷加工产生的微裂纹进行精确定位。本案例采用掩码区域卷积神经网络（mask region-based convolutional neural network，Mask R-CNN）精确识别微裂纹损伤区域，并利用 TransUNet 分割复杂的微裂纹边界，对陶瓷加工的微裂纹进行全面、准确的尺寸评估。

图 6-12 显示了 Mask R-CNN 的主要框架，通过深度残差网络 Resnet101 从原始微裂纹图像中高效地提取多级别的特征，此外还用特征金字塔网络（feature pyramid network，FPN）将高级别的语义丰富的特征与较低级别的细节特征融合在一起。区域建议网络（region proposal network，RPN）采用 3×3 卷积核对输入特征图进行卷积，生成关注区域（regions of interest，ROI）。ROI 用于减小传统上由离散空间采样引起的定位偏差。利用 ROI 在特征图上的确切位置执行后续分类和分割任务。在目标检测分支中利用 Softmax

分类器及全连接层来产生包含类别信息和置信度得分的目标检测框。全卷积网络模型用于检测框内目标的实例分割并生成裂纹区域的标记。最后,利用 Mask R-CNN 模型实现了微裂纹的检测和实例分割。模型的识别效果如图 6-13 所示。

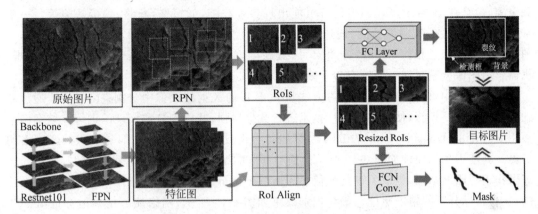

图 6-12　Mask R-CNN 的微裂纹检测示意图

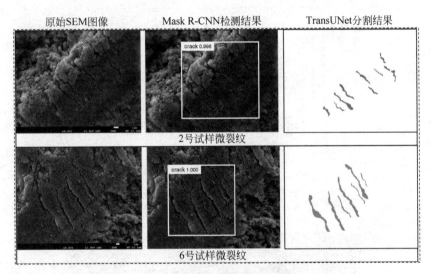

图 6-13　模型的检测和分割效果

6.4.3　图像分割

图像分割在智能制造中至关重要,它将数字图像细分为多个部分或对象,以便机器能够更好地理解和解释视觉数据。这一技术在质量控制、自动化检测和机器人导航等环节发挥着重要的作用。借助于精确的图像分割技术,制造系统能够进行精细化管理,从而提升生产效率和产品质量。利用卷积神经网络进行图像分割,系统不再依赖于手工设计的特征或者传统的图像处理技术,大大提高了分割的准确性和自动化水平。未来的研究将集中于优化卷积神经网络结构以提高其计算效率,发展半监督学习或无监督学习技术以减少对大量标注数据的依赖,以及结合其他创新技术如传感器融合等来提升图像分割的准确性和鲁棒性。总体而言,卷积神经网络在智能制造中的图像分割应用展现出巨大的潜力与前景,其不断地发展和完善将持续推动制造行业向着自动化、智能化的方向发展。

这里给出一个图像分割的应用案例,研究人员通过卷积神经网络来进行印刷电路板(printed circuit board,PCB)组件上的缺陷检测。PCB 检测对于确保产品符合质量标准至关重要,但是在 PCB 生产过程中仍有可能出现各种缺陷,如短路/断路、焊接缺陷等。一个常用的检测方法是 X 射线检测,通过 X 射线捕获高分辨率的灰度图像,包含 PCB 内部结构和缺陷特征。但是相较于 PCB 本身尺寸,其缺陷非常小,使用人工标记的方法非常困难。机器学习图像分割对这一问题有着重要的应用意义。

在本案例中,使用监督机器学习方法从 PCB 板的 X 射线图像中分割空隙特征。通过基础的数据集进行训练,使用图像增广技术进行数据增强,并用于分割模型的训练。该案例中采用 Resnet34-UnetPlusPlus 的编码器-解码器对组成分割模型,它们都是卷积神经网络的特类。其基本工作原理如图 6-14 所示。前半部分的编码器主要用于特征的提取,通过卷积等操作不断压缩结构,提取关键特征信息。而后半部分的解码器呈现出与之对称的扩张结构,实现目标分割的精准定位。最终识别效果如图 6-15 所示,网络能够精确地标记出 PCB板中存在的缺陷区域。

Unet 原理分析

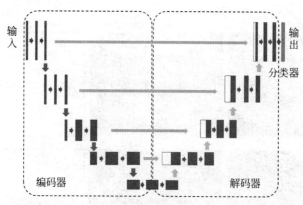

图 6-14　图像分割模型的工作原理

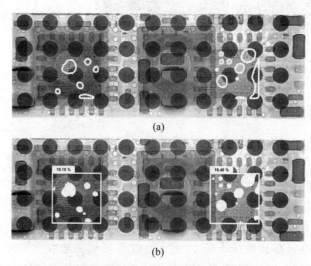

(a)

(b)

图 6-15　图像分割模型的结果

(a)测试集图像,用白线标出了实际存在的孔隙缺陷;(b)对该测试图像的模型分割结果

6.5 本章小结

卷积神经网络是一种专门用来处理具有类似网格结构的数据的神经网络。卷积神经网络在深度学习的历史中发挥了重要作用,它是首批表现良好的深度模型之一。具体而言,卷积神经网络是一种特殊的深度前馈神经网络,它的设计选择局部连接,符合生物神经元的稀疏响应特性,大大降低了网络模型的参数规模,同时降低了对训练数据量的依赖性。

卷积神经网络通过卷积操作、池化操作和非线性激活函数映射等一系列操作的层层堆叠,将高层语义信息逐层由原始数据输入层中抽取出来,逐层抽象。其中,卷积操作对应卷积层,池化操作对应池化层。最终,卷积神经网络的最后一层将提取的特征映射到目标任务(分类、回归等)的输出形式。在图像处理中,卷积经常作为特征提取的有效方法。一幅图像经过卷积操作后得到的结果称为特征图。图像处理中不同的卷积核可以发挥不同作用,提取不同特征。池化操作实际上就是一种降采样操作,即在一个小区域内,采取一个特定的值作为输出值。本质上,池化操作执行空间或特征类型的聚合,降低空间维度。因此,也把池化称为汇聚或汇合,对应把池化层称为汇聚层或汇合层。

当深度网络收敛时,随着继续增加网络的深度,训练误差可能没有降低反而升高。这一现象在一段时间内困扰着更深层卷积神经网络的设计、训练和应用。残差网络很好地解决了网络深度带来的训练困难,它通过给非线性的卷积层增加残差连接的方式来提高信息的传播效率。Inception 模块是指一个网络结构中同时包含多个不同大小的卷积核进行卷积操作,Inception 网络由多个 Inception 模块和少量的池化层堆叠而成。Inception 模块的核心思想就是将不同的卷积层通过并联的方式结合在一起,经过不同卷积层处理的结果矩阵在深度这个维度拼接起来,形成一个更多通道的特征图,不仅可以增大感受野,而且可以提高神经网络的鲁棒性。

在实际应用中,卷积神经网络和迁移学习经常结合使用。例如,在图像识别领域,我们可以用已经训练好的卷积神经网络模型对新的图像数据进行特征提取,然后使用迁移学习的方法对模型进行微调,以适应新的数据集。这种结合使用的方法不仅可以提高模型的准确性,还可以缩短训练时间,成为图像识别领域的一种主流方法。

卷积神经网络在计算机视觉中的应用包括图像分类、目标检测、图像分割等。随着人工智能、计算机视觉技术的不断发展,机器视觉的应用逐渐从传统的工业视觉向基于深度学习的 AI 工业视觉转变,从而助力生产效率和质量的提高。

习题

1. 简述卷积神经网络的特点和功能。
2. 试分别阐述什么是卷积和池化。它们的作用是什么?
3. 简要说明卷积神经网络的层级结构。
4. 残差网络是为了解决什么问题而诞生的,它通过什么方式解决该问题?
5. Inception 模块有何特点,这带来了哪些优势?

6. 什么是迁移学习？试讨论迁移学习和卷积神经网络如何结合使用。

7. 卷积神经网络在计算机视觉中有哪些应用，这为智能制造提供了哪些支撑？

参考文献

[1] 焦李成,赵进,杨淑媛,等.深度学习、优化与识别[M].北京:清华大学出版社,2017.

[2] 邱锡鹏.神经网络与深度学习[M].北京:机械工业出版社,2020.

[3] 阿斯顿·张,李沐,扎卡里C.立顿,等.动手学深度学习(PyTorch 版)[M].北京:中国工信出版社,人民邮电出版社,2023.

[4] GÉRON A. Hands-On Machine Learning with Scikit-Learn and TensorElow[M]. Sebastopol: O'Reilly Media,2017.

[5] HUBEL D H,WIESEL T N. Receptive fields,binocular interaction and functional architecture in the cat's visual cortex[J]. The Journal of Physiology,1962,160(1): 106.

[6] FUKUSHIMA K,MIYAKE S. Competition and cooperation in neural nets[M]. Heidelberg: Springer Berlin,1982: 267-285.

[7] LECUN Y, BOSER B, DENKER J S, et al. Backpropagation applied to handwritten zip code recognition[J]. Neural Computation,1989,1(4): 541-551.

[8] LECUN Y,BOTTOU L,BENGIO Y,et al. Gradient-based learning applied to document recognition [J]. Proceedings of the IEEE,1998,86(11): 2278-2324.

[9] DENG J,DONG W,SOCHER R,et al. Imagenet: A large-scale hierarchical image database[C]//2009 IEEE Conference on Computer Vision and Pattern Recognition. Miami: IEEE,2009: 248-255.

[10] KRIZHEVSKY A,SUTSKEVER I,HINTON G E. Imagenet classification with deep convolutional neural networks[C]//Advances in Neural Information Processing Systems. Stateline: NeurIPS, 2012: 1097-1105.

[11] SZEGEDY C,LIU W,JIA Y,et al. Going deeper with convolutions[C]//Proceedings of the IEEE Conference on Computer Vision and Pattern Recognition. Boston: IEEE,2015: 1-9.

[12] SIMONYAN K,ZISSERMAN A. Very deep convolutional networks for large-scale image recognition [J]. arXiv preprint arXiv: 1409.1556,2014.

[13] HE K,ZHANG X,REN S,et al. Deep residual learning for image recognition[C]//Proceedings of the IEEE Conference on Computer Vision and Pattern Recognition. Las Vegas: IEEE,2016: 770-778.

[14] ALOM M Z,TAHA T M,YAKOPCIC C,et al. The history began from alexnet: A comprehensive survey on deep learning approaches[J]. arXiv preprint arXiv: 1803.01164,2018.

[15] SPRINGENBERG J T, DOSOVITSKIY A, BROX T, et al. Striving for simplicity: The all convolutional net[J]. arXiv preprint arXiv: 1412.6806,2014.

[16] 华为技术有限公司,北京百度网讯科技有限公司.5G+AI智能工业视觉解决方案白皮书[R].深圳:华为技术有限公司,2020-06-20.

[17] HE Y,SONG K,MENG Q,et al. An end-to-end steel surface defect detection approach via fusing multiple hierarchical features[J]. IEEE Transactions on Instrumentation and Measurement,2019, 69(4): 1493-1504.

[18] FU H,SONG Q,GONG J,et al. Automatic detection and pixel-level quantification of surface microcracks in ceramics grinding: An exploration with Mask R-CNN and TransUNet[J]. Measurement,2024,224: 113895.

[19] MA H Y,XIA M,GAO Z,et al. Automated void detection in high resolution x-ray printed circuit boards (PCBs) images with deep segmentation neural network[J]. Engineering Applications of Artificial Intelligence,2024,133: 108425.

第 7 章

循环神经网络

在当今科技发展的背景下,时序数据的应用范围正以前所未有的速度拓宽,涵盖了从语音识别、自然语言处理的智能交互领域到金融市场的精准预测等多个关键行业。这些数据的处理需求日益增大,需要能够理解和分析数据中的时间序列关系。传统的前馈神经网络在面对这些挑战时,常常显得力不从心。由于其结构的限制,前馈神经网络无法有效捕捉序列数据中的长期依赖性,难以处理输入长度不固定以及序列前后信息的逻辑关联问题。这种能力的局限性使得它们在处理时序数据时表现不佳。为了解决这一问题,循环神经网络(recurrent neural network,RNN)应运而生。循环神经网络通过内置的记忆单元和反馈循环机制,能够保持和传递时间序列中的上下文信息,从而更好地捕捉序列中的动态特征和长期依赖关系。

本章首先介绍循环神经网络的建模基础,其中包括循环神经元结构、循环神经网络架构等;其次具体介绍循环神经网络的训练与优化,包括训练过程、梯度消失与梯度爆炸问题、反向传播算法等;然后介绍长短期记忆网络、门控循环单元;最后介绍双向循环神经网络、注意力机制、循环神经网络的实际应用等。

7.1 循环神经网络概述

循环神经网络是一类擅长处理序列数据的神经网络结构,其概念最早出现在 20 世纪 80 年代。循环神经网络的特点在于它能够通过循环连接在隐藏层中保存先前输入的信息,从而适应处理时间序列数据的需求。然而,传统的循环神经网络存在梯度消失和梯度爆炸的问题,使得训练变得困难。为了解决这些问题,1997 年,研究者引入了长短期记忆网络(LSTM)。LSTM 通过设计三种门控机制(输入门、遗忘门和输出门)来控制信息流动,有效地解决了梯度消失问题,使得网络能够捕捉长期依赖关系。2014 年,另一种门控机制——门控循环单元(GRU)被提出。GRU 在结构上较 LSTM 更加简化,只使用了两个门(更新门和重置门),因此在某些任务中计算效率更高。随着时间的推移,循环神经网络在各个领域得到了广泛应用,如语音识别、自然语言处理和机器翻译等。

循环神经网络为早期语言模型的开发提供了基础理论和实践经验。许多在循环神经网络上积累的技术和经验被转移到了新型模型中,如对序列数据的建模方法和训练技巧。在大语言模型出现之前,循环神经网络及其变型是处理序列数据和进行语言建模的最重要工具。目前,循环神经网络及其变型在处理资源有限的环境中仍然有其优势,它们相对简单、高效以及对时间序列数据的处理能力使其在很多情况下依然具有重要价值。例如,循环神经网络可以在计算资源较少的情况下完成一些短序列任务、实现低延迟需求应用和实时处理应用(如流式数据处理、嵌入式系统),对于一些时间序列预测任务(如金融数据预测、传感器数据分析)仍然是有效的解决方案。

7.2 循环神经网络的层级结构

7.2.1 循环神经元结构

循环神经元是循环神经网络中的基本计算单元,其独特之处在于能够处理和记忆时间序列数据中的依赖关系。与传统的前馈神经元不同,循环神经元在每个时间步都会考虑之前时间步的状态,从而能够捕捉序列中的动态变化。

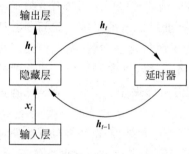

图 7-1 循环神经网络基本结构

循环神经网络的基本结构如图 7-1 所示。其中隐藏层为一个循环神经元结构。延时器为一个虚拟单元,记录隐藏层的内部状态,即神经元的最近一次或几次的活性值。对于输入序列 $\boldsymbol{x}_t$,在每个时间步 t,循环神经元按照式(7-1)更新隐藏状态:

$$\boldsymbol{h}_t = f(\boldsymbol{h}_{t-1}, \boldsymbol{x}_t) \tag{7-1}$$

其中 $f(\cdot)$ 为一个非线性函数,可以是一个前馈网络;$\boldsymbol{h}_{t-1}$ 为前一时间步的激活状态。

理论上,循环神经网络可以通过适当的训练和足够的网络规模来近似任意的非线性动力系统,这是因为循环结构使其能够在序列中建模复杂的动态行为,类似于非线性动力系统中的状态变化。作为对比,前馈神经网络可以逼近任何连续函数,这是由于其具有足够的非线性表达能力;而循环神经网络通过其递归结构和状态更新机制,理论上可以模拟任何序列处理任务或程序,因为它能够处理时间依赖关系和动态系统的复杂性。

7.2.2 循环神经网络架构

简单循环网络(simple recurrent network,SRN)是循环神经网络的一种基础形式,只包含一个隐藏层。它通过循环结构实现时间序列信息的记忆和处理,能够处理序列数据。

若时刻 t 的输入序列为向量 $\boldsymbol{x}_t \in \mathbb{R}^M$,$\boldsymbol{z}_t$ 为隐藏层的净输入,隐藏层状态(即隐藏层神经元活性值)为 $\boldsymbol{h}_t \in \mathbb{R}^D$,上一个时刻的隐藏层状态为 $\boldsymbol{h}_{t-1}$,则

$$\boldsymbol{h}_t = f(\boldsymbol{z}_t) = f(\boldsymbol{U}\boldsymbol{h}_{t-1} + \boldsymbol{W}\boldsymbol{x}_t + \boldsymbol{b}) \tag{7-2}$$

其中,$\boldsymbol{U} \in \mathbb{R}^{D \times D}$ 为状态-状态权重矩阵;$\boldsymbol{W} \in \mathbb{R}^{D \times M}$ 为状态-输入权重矩阵;$\boldsymbol{b} \in \mathbb{R}^D$ 为偏置向量;$f(\cdot)$ 为非线性激活函数,通常为 Logistic 函数或 tanh 函数。

如果我们把每个时刻的状态都看作前馈神经网络的一层,则循环神经网络可以被看作一个在时间维度上进行权值共享的前馈神经网络。图 7-2 所示为按时间展开的简单循环网

络。在每个时间步上,循环神经网络通过相同的网络结构和权重矩阵处理输入和隐藏状态。进一步可引入多个隐藏层,形成深度循环神经网络。

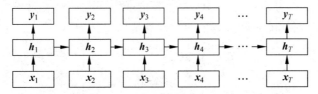

图 7-2　按时间展开的循环神经网络

7.2.3　随时间反向传播算法

随时间反向传播(back propagation through time,BPTT)算法通过类似 5.3.3 节中前馈神经网络的误差反向传播算法来计算梯度。但与前者不同的是,循环神经网络的参数更新需要考虑时间维度上的依赖。

以随机梯度下降为例,给定一个训练样本 $(\boldsymbol{x},\boldsymbol{y})$,则时刻 t 的损失函数为

$$\mathcal{L}_t = \mathcal{L}(\boldsymbol{y}_t, g(\boldsymbol{h}_t)) \tag{7-3}$$

其中,$\boldsymbol{y}_t$ 为监督信息,$g(\boldsymbol{h}_t)$ 为第 t 时刻的输出,$\mathcal{L}$ 为损失函数(如交叉熵)。

整个序列的损失函数是所有时间步损失的和:

$$\mathcal{L} = \sum_{t=1}^{T} \mathcal{L}_t \tag{7-4}$$

整个序列的损失函数 $\mathcal{L}$ 关于参数 $\boldsymbol{U}$ 的梯度计算公式为

$$\frac{\partial \mathcal{L}}{\partial \boldsymbol{U}} = \sum_{t=1}^{T} \frac{\partial \mathcal{L}_t}{\partial \boldsymbol{U}} \tag{7-5}$$

其中,$\dfrac{\partial \mathcal{L}_t}{\partial \boldsymbol{U}}$ 为第 t 时刻损失对参数 $\boldsymbol{U}$ 的偏导数。第 t 时刻的损失函数 $\mathcal{L}_t$ 关于参数 u_{ij} 的梯度为

$$\frac{\partial \mathcal{L}_t}{\partial u_{ij}} = \sum_{k=1}^{t} \frac{\partial \mathcal{L}_t}{\partial \boldsymbol{z}_k} \frac{\partial \boldsymbol{z}_k}{\partial u_{ij}} \tag{7-6}$$

其中,$\boldsymbol{z}_k$ 为第 k 时刻的净输入($1 \leqslant k \leqslant t$),$\boldsymbol{z}_k = \boldsymbol{U}\boldsymbol{h}_{k-1} + \boldsymbol{W}\boldsymbol{x}_k + \boldsymbol{b}$;$\dfrac{\partial \boldsymbol{z}_k}{\partial u_{ij}}$ 表示在保持 $\boldsymbol{h}_{k-1}$ 不变时,$\boldsymbol{z}_k$ 对 u_{ij} 的偏导数,将是一个只有第 i 维有值(且该值为 $\boldsymbol{h}_{k-1}$ 中第 j 维)的行向量:

$$\frac{\partial \boldsymbol{z}_k}{\partial u_{ij}} = [0, \cdots, [\boldsymbol{h}_{k-1}]_j, \cdots, 0] \tag{7-7}$$

误差项 $\boldsymbol{\delta}_{t,k} = \dfrac{\partial \mathcal{L}_t}{\partial \boldsymbol{z}_k}$ 定义为第 t 时刻的损失对第 k 时刻隐藏神经层的净输入 $\boldsymbol{z}_k$ 的偏导数,并可以通过递归关系计算:

$$\boldsymbol{\delta}_{t,k} = \frac{\partial \boldsymbol{h}_k}{\partial \boldsymbol{z}_k} \frac{\partial \boldsymbol{z}_{k+1}}{\partial \boldsymbol{h}_k} \frac{\partial \mathcal{L}_t}{\partial \boldsymbol{z}_{k+1}} = \mathrm{diag}(f'(\boldsymbol{z}_k)) \boldsymbol{U}^{\mathrm{T}} \boldsymbol{\delta}_{t,k+1} \tag{7-8}$$

其中,$\mathrm{diag}(f'(\boldsymbol{z}_k))$ 为激活函数的导数的对角矩阵。

最终，第 t 时刻损失 $\mathcal{L}$ 对参数 U 的梯度可以表示为

$$\frac{\partial \mathcal{L}_t}{\partial U} = \sum_{k=1}^{t} \delta_{t,k} h_{k-1}^{\mathrm{T}} \tag{7-9}$$

图 7-3 给出了误差项随时间进行反向传播算法的示例。

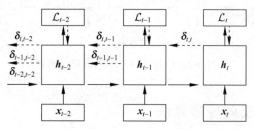

图 7-3　误差项随时间进行反向传播算法示例

将式(7-9)代入式(7-5)，可得整个序列的损失函数 $\mathcal{L}$ 对参数 U 的梯度为

$$\frac{\partial \mathcal{L}}{\partial U} = \sum_{t=1}^{T} \sum_{k=1}^{t} \delta_{t,k} h_{k-1}^{\mathrm{T}} \tag{7-10}$$

同理可得 $\mathcal{L}$ 关于权重 W 和偏置 b 的梯度为

$$\frac{\partial \mathcal{L}}{\partial W} = \sum_{t=1}^{T} \sum_{k=1}^{t} \delta_{t,k} x_k^{\mathrm{T}} \tag{7-11}$$

$$\frac{\partial \mathcal{L}}{\partial b} = \sum_{t=1}^{T} \sum_{k=1}^{t} \delta_{t,k} \tag{7-12}$$

总之，随时间反向传播算法通过展开时间步并将每个时间步视作前馈层来计算参数梯度。在反向传播过程中，需要处理每个时间步的误差并将其累积到所有时间步。即在每个时间步 t 中，累积从时间步 $k=1$ 到 $k=t$ 的梯度贡献，以及从序列开始到结束的梯度累积。这样，通过时间展开和梯度累积，可以计算整个序列的损失函数对参数的梯度。

7.2.4　梯度消失与梯度爆炸问题

1. 问题来源

在训练循环神经网络时，梯度消失和梯度爆炸是两个主要的挑战，由此导致难以对长时间间隔的状态之间的依赖关系进行有效建模。

在随时间反向传播算法中，由于隐藏状态的递归性质，梯度的计算涉及多个时间步的累积，将式(7-8)展开得

$$\delta_{t,k} = \gamma^{t-k} \delta_{t,t}, \quad \text{其中 } \gamma^{t-k} = \left(\prod_{\tau=k}^{t-1} \mathrm{diag}(f'(z_\tau) U^{\mathrm{T}}) \right) \delta_{t,t} \tag{7-13}$$

当 t 和 k 之间的差值较大（即时间步长较多）时，若 $\gamma < 1$，反复相乘会导致梯度指数级衰减，梯度也变得非常小，出现梯度消失问题；若 $\gamma > 1$，反复相乘会导致梯度指数级增长，造成系统不稳定，出现梯度爆炸问题。

循环神经网络常使用 Sigmoid 型激活函数（导数值在 $0\sim1$ 之间），并且权重矩阵的范数 $\|U\|$ 一般不会太大，这通常使得 $\gamma < 1$，因此容易出现梯度消失的问题。需要注意的是，与前馈神经网络不同，这里的梯度消失并不是指损失函数 $\mathcal{L}_t$ 对权重矩阵 U 的梯度消失，而是

指损失函数 $\mathcal{L}_t$ 对隐藏状态 $\boldsymbol{h}_k$ 的梯度消失。也就是说,随着时间间隔 $t-k$ 的增加,梯度 $\partial \mathcal{L}_t / \partial \boldsymbol{h}_k$ 会逐渐变小甚至趋近于零,导致远处时刻的信息无法有效传递回来,从而使参数 $\boldsymbol{U}$ 的更新主要依赖于当前时刻 t 的几个相邻状态 $\boldsymbol{h}_k$,而难以考虑长时间间隔的影响。

因此,简单循环网络处理长序列数据时,难以捕捉和记住序列中长距离位置之间的依赖关系,这被称为长程依赖问题(long-term dependencies problem)。

2. 改进方案

一般地,循环神经网络的梯度爆炸问题比较容易解决。例如在反向传播过程中,对梯度进行裁剪,将其限制在一个合理的范围内(如设定梯度的最大范数),防止梯度爆炸。

梯度消失是循环神经网络的主要问题。我们可以通过改变模型结构,从根本上缓解长程依赖问题,比如令隐藏层状态更新公式为

$$\boldsymbol{h}_t = \boldsymbol{h}_{t-1} + g(\boldsymbol{x}_t, \boldsymbol{h}_{t-1}; \theta) \tag{7-14}$$

其中,$g(\cdot)$ 是一个非线性函数,θ 为参数。这样 $\boldsymbol{h}_t$ 和 $\boldsymbol{h}_{t-1}$ 之间为既有线性关系(等号右边第一项),也有非线性关系(等号右边第二项),因此既可以缓解梯度消失问题,又保留了模型的非线性能力。

但这种改进依然可能发生累积效应导致的梯度爆炸问题以及出现存储信息饱和现象。为此我们可以在式(7-14)的基础上引入门控机制,通过动态调整信息的加入和遗忘速度,不仅可以增强模型对长程依赖的捕捉能力,还能显著提高训练的稳定性。这一类网络可以称为基于门控的循环神经网络(gated RNN)。本章主要介绍两种基于门控的循环神经网络:长短期记忆网络和门控循环单元网络。

7.3　长短期记忆网络

长短期记忆(long short-term memory,LSTM)神经网络是为了解决循环神经网络中的长程依赖问题而设计的,由 Sepp Hochreiter 和 Jürgen Schmidhuber 于 1997 年提出。它通过引入门控机制来控制信息的累积和遗忘过程,从而避免了梯度消失和梯度爆炸的问题,能够有效地记忆长时间的依赖关系。

LSTM 网络中有三个控制信息传递路径的门控单元(gating unit),分别为输入门(input gate)$\boldsymbol{i}_t$、遗忘门(forget gate)$\boldsymbol{f}_t$ 和输出门(output gate)$\boldsymbol{o}_t$,分别表示为

$$\boldsymbol{i}_t = \sigma(\boldsymbol{W}_i \boldsymbol{x}_t + \boldsymbol{U}_i \boldsymbol{h}_{t-1} + \boldsymbol{b}_i) \tag{7-15}$$

$$\boldsymbol{f}_t = \sigma(\boldsymbol{W}_f \boldsymbol{x}_t + \boldsymbol{U}_f \boldsymbol{h}_{t-1} + \boldsymbol{b}_f) \tag{7-16}$$

$$\boldsymbol{o}_t = \sigma(\boldsymbol{W}_o \boldsymbol{x}_t + \boldsymbol{U}_o \boldsymbol{h}_{t-1} + \boldsymbol{b}_o) \tag{7-17}$$

其中,$\sigma(\cdot)$ 为 Logistic 函数,其输出区间为 $(0,1)$,因此这里的三个"门"都是"软"门,表示以一定的比例允许信息通过;$\boldsymbol{x}_t$ 为当前时刻的输入;$\boldsymbol{h}_{t-1}$ 为上一时刻的外部状态。

LSTM 的核心是记忆单元(memory cell),记录了到当前时刻为止的历史信息,这里称之为内部状态,用字母 c 表示。我们通过 c 在不同时间步之间传递信息。

为了更新时刻 t 的内部状态为 $\boldsymbol{c}_t$,我们可以根据 $\boldsymbol{x}_t$ 和 $\boldsymbol{h}_{t-1}$ 先计算出其候选状态 $\tilde{\boldsymbol{c}}_t$:

$$\tilde{\boldsymbol{c}}_t = \tanh(\boldsymbol{W}_c \boldsymbol{x}_t + \boldsymbol{U}_c \boldsymbol{h}_{t-1} + \boldsymbol{b}_c) \tag{7-18}$$

当然,我们不会把这个候选状态直接作为 $\boldsymbol{c}_t$,而是利用好新引入的三个门控单元。首

先利用遗忘门 f_t 和输入门 i_t 更新内部状态：

$$c_t = f_t \odot c_{t-1} + i_t \odot \tilde{c}_t \qquad (7\text{-}19)$$

其中，$\odot$ 为向量元素乘积；c_{t-1} 为上一时刻的内部状态。由此可以看出，遗忘门 f_t 控制上一个时刻的内部状态 c_{t-1} 需要遗忘多少信息，输入门 i_t 控制当前时刻的候选状态 $\tilde{c}_t$ 有多少信息需要保存。

最后，通过输出门 o_t 控制当前时刻的内部状态 c_t 有多少信息需要输出给外部状态 h_t，因此，隐藏层状态更新公式为

$$h_t = o_t \odot \tanh(c_t) \qquad (7\text{-}20)$$

综合以上步骤，图 7-4 给出了 LSTM 网络的循环单元的计算过程。

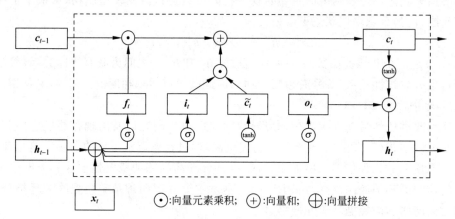

图 7-4　LSTM 网络的循环单元的计算过程

7.4　门控循环单元网络

门控循环单元（gated recurrent unit，GRU）是循环神经网络中的一种门控机制，由 Kyunghyun Cho 等于 2014 年提出。

GRU 网络同样通过引入门控机制来控制信息更新的方式，但比 LSTM 网络简单。与 LSTM 不同，GRU 不引入额外的记忆单元。GRU 网络也是在式（7-14）的基础上引入一个更新门（up-date gate）z_t，以及重置门（reset gate）r_t，分别表示为

$$z_t = \sigma(W_z x_t + U_z h_{t-1} + b_z) \qquad (7\text{-}21)$$
$$r_t = \sigma(W_r x_t + U_r h_{t-1} + b_r) \qquad (7\text{-}22)$$

其中，$\sigma(\cdot)$ 为 Logistic 函数，输出区间为 $(0,1)$，因此更新门和重置门同样是"软"门，以一定的比例允许信息通过。

GRU 网络中没有额外引入的记忆单元，直接对当前状态 h_t 计算其候选状态 $\tilde{h}_t$，其中通过重置门控制候选状态 $\tilde{h}_t$ 的计算是否依赖上一时刻的状态 h_{t-1}，即

$$\tilde{h}_t = \tanh[W_h x_t + U_h(r_t \odot h_{t-1}) + b_h] \qquad (7\text{-}23)$$

在 LSTM 网络中，输入门和遗忘门分别控制新信息的引入和历史信息的遗忘，二者协同作用。GRU 网络则直接使用一个更新门 z_t 来控制输入和遗忘之间的平衡，状态更新公式为

$$\boldsymbol{h}_t = \boldsymbol{z}_t \odot \boldsymbol{h}_{t-1} + (1 - \boldsymbol{z}_t) \odot \tilde{\boldsymbol{h}}_t \tag{7-24}$$

基于上述分析,图 7-5 给出了门控循环单元的计算过程。

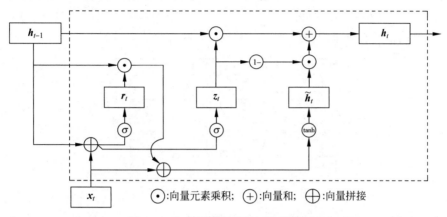

图 7-5　GRU 网络循环单元的计算过程

与 LSTM 有三个门控结构和单独的记忆单元相比,GRU 只有两个门控结构,且将记忆单元状态和隐藏层状态合并,因此参数数量较少,计算复杂度也相对较低。一般认为,在超参数全部调优的情况下,LSTM 和 GRU 的性能相当。然而,由于 GRU 的结构更简单,参数更少,因此在某些情况下可能具有更好的泛化能力和更快的训练速度,这使得 GRU 在某些应用场景下成为更实用的选择。当然,具体选择使用哪种结构需要根据具体任务和数据特点进行权衡。

7.5　循环神经网络进阶与应用

7.5.1　双向循环神经网络

传统的单向循环神经网络只能利用序列的前向信息,忽略了后续信息的潜在价值。为了充分利用序列的双向上下文信息,Mike Schuster 和 Kuldip Paliwal 于 1997 年提出双向循环神经网络(bidirectional RNN)。这种网络结构能够同时捕获从过去到未来的前向信息和从未来到过去的后向信息,从而提升模型的预测能力和精度。

双向循环神经网络的基本原理是通过两个独立的 RNN 来处理输入序列,一个从左到右处理序列,另一个从右到左处理序列。具体而言,对于每一个输入序列,双向 RNN 会生成两个隐藏状态序列,分别对应前向和后向 RNN 的输出。然后,将这两个隐藏状态序列结合起来,用于最终的预测或分类任务。

对于任意时间步 t 的输入序列 $\boldsymbol{X}_t$,前向和反向隐藏状态分别为 $\overrightarrow{\boldsymbol{h}}_t$ 和 $\overleftarrow{\boldsymbol{h}}_t$,更新公式如下:

$$\overrightarrow{\boldsymbol{h}}_t = f(\boldsymbol{X}_t \boldsymbol{W}_{xh}^{(\mathrm{f})} + \overrightarrow{\boldsymbol{h}}_{t-1} \boldsymbol{W}_{hh}^{(\mathrm{f})} + \boldsymbol{b}_h^{(\mathrm{f})}) \tag{7-25}$$

$$\overleftarrow{\boldsymbol{h}}_t = f(\boldsymbol{X}_t \boldsymbol{W}_{xh}^{(\mathrm{b})} + \overleftarrow{\boldsymbol{h}}_{t+1} \boldsymbol{W}_{hh}^{(\mathrm{b})} + \boldsymbol{b}_h^{(\mathrm{b})}) \tag{7-26}$$

其中,$f(\cdot)$ 为隐藏层激活函数,$\boldsymbol{W}_{xh}^{(\mathrm{f})}$ 和 $\boldsymbol{W}_{xh}^{(\mathrm{b})}$ 分别为前向和反向的状态-输入权重矩阵,$\boldsymbol{W}_{hh}^{(\mathrm{f})}$ 和 $\boldsymbol{W}_{hh}^{(\mathrm{b})}$ 分别为前向和反向的状态-状态权重矩阵,$\boldsymbol{b}_h^{(\mathrm{f})}$ 和 $\boldsymbol{b}_h^{(\mathrm{b})}$ 分别为前向和反向的偏置向量。

接下来,将前向隐藏状态 $\overrightarrow{\boldsymbol{h}}_t$ 和反向隐藏状态 $\overleftarrow{\boldsymbol{h}}_t$ 连接起来,获得需要送入输出层的隐状态 $\boldsymbol{h}_t$。在具有多个隐藏层的深度双向循环神经网络中,该信息作为输入传递到下一个双向层。最后,输出层计算得到的输出。

图 7-6 给出了具有单个隐藏层的双向循环神经网络的结构示例。

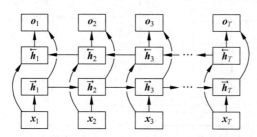

图 7-6　双向循环神经网络的结构

尽管双向循环神经网络在性能上有优势,但其计算代价也相对较高。由于需要同时计算前向和后向两个独立的 RNN,其计算复杂度大约是单向 RNN 的两倍。此外,为了捕捉序列的全局信息,双向循环神经网络的训练和推理时间也相应增加。在处理长序列时,这种计算代价尤为明显。因此,在实际应用中,通常需要在计算资源和模型性能之间进行权衡。

双向循环神经网络可以应用在许多自然语言处理和序列数据分析任务中,例如,在机器翻译任务中,能够更好地捕捉源语言和目标语言之间的上下文关系,从而提高翻译质量;在语音识别任务中,能够利用前后文信息,更准确地识别语音片段;在情感分析任务中,能够综合考虑句子中的前后文情感词汇,提升情感分类的准确性。

7.5.2　注意力机制与循环神经网络的结合

注意力机制(attention mechanism)是一种资源分配方案,其目的是让模型有选择性地关注输入数据的不同部分,从而更有效地捕捉和利用信息。这参考了人脑具有选择性注意的能力特点,即在处理大量信息时,人脑能够有选择性地关注其中的某些部分,而忽略其他不相关的信息。当我们阅读文章,特别是在完成阅读理解等任务时,我们通常不会每一个字都同等关注,而是根据当前问题或任务,有选择性地关注与问题相关的句子或段落。

最初,注意力机制也是为了解决机器翻译任务中的长程依赖问题。传统的循环神经网络在处理长序列时容易遗忘前面的信息,而注意力机制则通过计算输入序列的不同部分的重要性来缓解这一问题。目前,注意力机制与循环神经网络的结合已经成为许多序列建模任务的重要技术手段,可以显著提高处理长序列的能力、增强模型的解释性,并更加灵活和高效地处理输入序列中的信息。

1. 注意力机制的普通模式

注意力机制的计算一般可以分为两步:一是分配注意力权重,以确定每组输入信息对当前任务的重要性;二是加权求和,根据注意力权重对输入信息进行动态聚合。

考虑 N 组输入信息 $\boldsymbol{X}=[\boldsymbol{x}_1,\boldsymbol{x}_2,\cdots,\boldsymbol{x}_N]$,其中每个输入向量 $\boldsymbol{x}_n\in\mathbb{R}^D$ 表示 D 维的特征表示,为了提高计算效率并节省资源,我们可以从 $\boldsymbol{X}$ 中选择与当前任务相关的部分信息,而非将所有输入信息都输入到神经网络中。为此,我们需要引入一个和任务相关的表示,称为查询向量(query vector),并通过一个打分函数 $s(\boldsymbol{x},\boldsymbol{q})$ 来计算每个输入向量 $\boldsymbol{x}$ 和查询向量 $\boldsymbol{q}$ 之间的相关性。打分函数的计算有多种方式,例如采用缩放点积模型:

$$s(\boldsymbol{x},\boldsymbol{q})=\frac{\boldsymbol{x}^{\mathrm{T}}\boldsymbol{q}}{\sqrt{D}} \tag{7-27}$$

其中 D 为输入向量的维度。

为了灵活地考虑每组输入信息对当前任务的贡献,我们采用一种"软性"的信息选择机制,计算选择第 n 个输入向量的概率 α_n,即注意力分布(attention distribution):

$$\alpha_n=p(z=n\mid\boldsymbol{X},\boldsymbol{q})=\mathrm{Softmax}(s(\boldsymbol{x}_n,\boldsymbol{q}))=\frac{\exp(s(\boldsymbol{x}_n,\boldsymbol{q}))}{\displaystyle\sum_{j=1}^{N}\exp(s(\boldsymbol{x}_j,\boldsymbol{q}))} \tag{7-28}$$

然后进行加权平均。注意力分布 α_n 可以解释为在给定任务相关的查询 $\boldsymbol{q}$ 时,第 n 个输入向量受关注的程度。最后,对输入信息进行汇总,即

$$\mathrm{att}(\boldsymbol{X},\boldsymbol{q})=\sum_{n=1}^{N}\alpha_n\boldsymbol{x}_n \tag{7-29}$$

这被称为软性注意力机制(soft attention mechanism)。图 7-7(a)所示为普通模式注意力机制的示意图。

2. 键值对注意力

在注意力机制的普通模式中,注意力分布和汇总信息这两步操作使用同一输入序列 $\boldsymbol{x}$,这种方式下模型可能会受到不必要的噪声或冗余信息的影响,分开处理可以减少这种干扰,使得模型更加专注于特征提取和信息聚合这两个不同的任务。

键值对注意力(key-value attention)是一种广泛用于自然语言处理和其他序列建模任务中的注意力机制,它通过将输入序列分解为键(key)和值(value)向量,允许模型在不同的表示空间中处理信息,从而减少了信息干扰。这种机制的引入使得注意力机制能够更好地捕捉和利用输入序列中的关键信息,从而在多种任务中表现出色。

具体地,对于输入信息 $\boldsymbol{X}=[\boldsymbol{x}_1,\boldsymbol{x}_2,\cdots,\boldsymbol{x}_N]$,通过两个独立的线性变换得到 $\boldsymbol{x}_i$ 的键向量 $\boldsymbol{k}_i$ 和值向量 $\boldsymbol{v}_i$,即用键值对(key-value pair)的格式来表示输入信息 $(\boldsymbol{K},\boldsymbol{V})=[(\boldsymbol{k}_1,\boldsymbol{v}_1),(\boldsymbol{k}_2,\boldsymbol{v}_2),\cdots,(\boldsymbol{k}_N,\boldsymbol{v}_N)]$。其中"键"用来计算打分函数 $s(\boldsymbol{k}_n,\boldsymbol{q})$ 和注意力分布 α_n,"值"用来计算聚合信息。

给定任务的查询向量 $\boldsymbol{q}$,则注意力函数为

$$\begin{aligned}\mathrm{att}((\boldsymbol{K},\boldsymbol{V}),\boldsymbol{q})&=\sum_{n=1}^{N}\alpha_n\boldsymbol{v}_n\\&=\sum_{n=1}^{N}\frac{\exp(s(\boldsymbol{k}_n,\boldsymbol{q}))}{\displaystyle\sum_{j}\exp(s(\boldsymbol{k}_j,\boldsymbol{q}))}\boldsymbol{v}_n\end{aligned} \tag{7-30}$$

图 7-7(b)所示为键值对注意力机制示意图。显然,若 $\boldsymbol{K}=\boldsymbol{V}$,则键值对注意力退化为基本的注意力机制。

键值对注意力机制相较于基本的注意力机制具有显著的优势。它通过将键和值向量分开处理,不仅提高了模型的表达能力,还可以减少计算冗余,优化得分计算和加权平均的过程,进一步提高了注意力机制的准确性和效果。此外,这种分离同时减少了数值不稳定性,

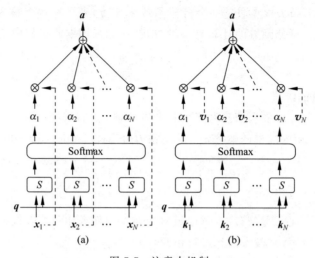

图 7-7　注意力机制

(a) 普通模式(软性注意力机制)；(b) 键值对模式

增强了模型的稳定性和可靠性。总之,这种机制具有很好的灵活性,能够适应不同的任务需求,提升了模型的多样化能力。

3. 多头注意力

多头注意力(multi-head attention)是另一种变型,它使用多个不同的查询向量 $\boldsymbol{Q} = [\boldsymbol{q}_1, \boldsymbol{q}_2, \cdots, \boldsymbol{q}_M]$ 来从输入信息中并行地选取多组信息。每个注意力头(attention head)关注输入信息的不同部分,生成一组独立的注意力输出。最终,这些输出被拼接起来形成最终的多头注意力输出。多头注意力的计算可以表示为

$$\mathrm{att}((\boldsymbol{K}, \boldsymbol{V}), \boldsymbol{Q}) = \mathrm{att}((\boldsymbol{K}, \boldsymbol{V}), \boldsymbol{q}_1) \oplus \cdots \oplus \mathrm{att}((\boldsymbol{K}, \boldsymbol{V}), \boldsymbol{q}_M) \tag{7-31}$$

其中,$\oplus$ 表示向量拼接。这种机制允许模型从不同的角度学习输入信息的不同方面,从而提升模型的表达能力和灵活性。

7.5.3　循环神经网络的应用案例

这里,我们以 LSTM 模型实现涡扇发动机的剩余使用寿命预测为例,说明循环神经网络在智能制造中的应用。

部件的剩余使用寿命(remaining useful life,RUL)指的是从当前时间到使用至故障为止的时间长度。准确的剩余使用寿命估计在部件健康管理中起着至关重要的作用。如果能够获取准确的剩余使用寿命,我们可以提前安排下一次维护,并提前运送新零件,以确保顺利更换和维护；还可以通过取消不必要的维护来降低成本；进一步地,在了解其剩余使用寿命演化规律基础上,可以通过调整工作条件的方式延长部件的寿命。

在工业应用中,之前往往是基于建模的方法进行剩余寿命估计,即通过物理失效模型的建立,对裂纹、磨损等失效形式的扩展进行预测。而随着计算科学的发展,人工智能辅助的智能制造方法带来了新的可能性,即基于数据驱动的方法。通过收集传感器数据和运行条件数据,应用神经网络捕捉信号特征,实现准确的剩余寿命估计。这一方法不需要大量的物理实验,可获得更好的成本效益。而且使用的数据采集自实际运行的部件,能够更好地估计

实际运行工况下的剩余寿命。

在这个案例中,研究人员使用 NASA C-MAPSS(商业模块化航空推进系统仿真)数据集的涡扇发动机退化仿真数据集,它包括不同工作条件和故障条件的传感器数据。训练数据集包括 100 个样本在不同工作循环次数下的对应操作条件与 21 个传感器反馈信息(表 7-1),一直记录到故障为止。测试集同样包括 100 个发动机样本,包含工作了一定次数循环的传感器数据,但是并未记录到发生故障。目标是通过训练集训练的模型基于测试集数据预测其剩余寿命,并与实际剩余寿命进行对比。传感器数据本质上是时间序列,为了准确估计剩余寿命,我们需要建立模型来捕捉数据中的时间序列信息。LSTM 网络适用于这种问题的处理。

表 7-1　C-MAPSS 数据集中 21 个传感器信息详情

序号	标　记	传 感 信 息
S1	T2	风扇入口处总温度
S2	T24	LPC 出口处总温度
S3	T30	HPC 出口处总温度
S4	T50	LPT 出口处总温度
S5	P2	风扇入口处压力
S6	P15	旁路管道中总压力
S7	P30	HPC 出口处总压力
S8	Nf	物理风扇速度
S9	Nc	物理核心速度
S10	epr	发动机压力比(P50/P2)
S11	Ps30	HPC 出口处的静压
S12	phi	燃料流量与 Ps30 的比率
S13	NRf	校正的风扇转速
S14	NRc	校正的堆芯速度
S15	BPR	旁路比率
S16	farB	燃烧器燃料空气比
S17	htBleed	放气焓
S18	Nf_dmd	要求的风扇转速
S19	PCNfR_dmd	要求的校正风扇转速
S20	W31	HPT 冷却剂放气
S21	W32	LPT 冷却液排放

模型输入数据是工作循环次数、运行条件以及传感器数据,输出数据为剩余寿命。在剩余寿命估计的传统方式中,剩余寿命随时间线性下降。这意味着系统的健康状况随时间线性下降。在实际应用中,组件的退化在使用之初可以忽略不计,并且在组件接近寿命结束时会增加。为了更好地模拟剩余使用寿命随时间的变化,提出了一个分段线性 RUL 目标函数,如图 7-8 所示。该函数将最大 RUL 限制在一个恒定值,然后在使用一定程度后开始线性退化。对于 C-MAPSS 数据集将最大限制设置为 130 个时间周期。

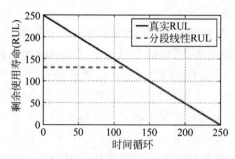

图 7-8　C-MAPSS 数据集的分段剩余寿命曲线

　　为了选择最佳的网络架构,进行了交叉验证,优化得到现有的 LSTM 网络架构,包含 4 个隐藏层,其中第一层、第二层为含有 32 个单元的 LSTM 层,第三层、第四层是分别有 8 个单元的全连接层,最后是一个一维输出层。应用的 LSTM 模型可以从传感器数据中发现隐藏的特征,从而判断出剩余使用寿命数值。最终预测结果如图 7-9 所示,图中展示了四个样本。LSTM 模型展现出了优秀的预测能力。

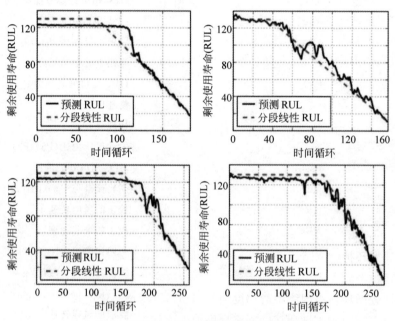

图 7-9　LSTM 模型预测的剩余寿命曲线

7.6　本章小结

　　循环神经网络是一类具有记忆能力的神经网络,它可以处理前馈网络难以处理的时序数据,捕捉输入序列之间的时间依赖性和整体逻辑结构。在循环神经网络中,神经元不但可以接收其他神经元的信息,也可以接收自身的信息,形成具有环路的网络结构。

　　简单循环网络是循环神经网络的一种基础形式,只包含一个隐藏层。它通过循环结构实现时间序列信息的记忆和处理,能够处理序列数据。训练循环神经网络的过程与训练其他类型的神经网络类似,但由于在循环神经网络中,每个时间步的输入都会受到前面时间步的状态和输出的影响,因此需要使用反向传播算法计算每个时间步上的梯度,然后将它们累加起来,并在整个序列上进行参数更新。

循环神经网络的参数可以通过梯度下降方法来进行学习。随时间反向传播算法的主要思想是通过类似前馈神经网络的误差反向传播算法来计算梯度。将循环神经网络看作一个展开的多层前馈网络,其中"每一层"对应循环网络中的"每个时刻"。这样,循环神经网络就可以按照前馈网络中的反向传播算法计算参数梯度。在"展开"的前馈网络中,所有层的参数是共享的,因此参数的真实梯度是所有"展开层"的参数梯度之和。

循环神经网络在学习过程中存在的主要问题是由于梯度消失或爆炸问题,很难对长时间间隔的状态之间的依赖关系进行建模。为了改善循环神经网络的长程依赖问题,一种非常好的解决方案是引入门控机制来控制信息的累积速度,包括有选择性地加入新的信息,并有选择性地遗忘之前累积的信息。这一类网络可以称为基于门控的循环神经网络。本章主要介绍了两种基于门控的循环神经网络:长短期记忆网络(LSTM)和门控循环单元网络(GRU)。GRU 和 LSTM 在处理序列数据时都表现出色,但它们在门控结构、单元状态、参数数量和计算复杂度等方面存在差异。在决定使用哪种结构时,需要根据具体任务和数据特点进行权衡和选择。

在计算能力有限的情况下,注意力机制作为一种资源分配方案,将有限的计算资源用于处理更重要的信息,是解决信息超载问题的主要手段之一。注意力机制的计算可以分为两步:一是在所有输入信息上计算注意力分布;二是根据注意力分布来计算输入信息的加权平均。在普通模式的注意力机制基础上,还发展出键值对注意力和多头注意力等改进模式。

循环神经网络可在智能制造领域发挥重要作用,本章以 LSTM 模型实现涡扇发动机的剩余使用寿命预测为例进行了展示和说明。

习题

1. 简述循环神经网络的特点。这类网络通常用于处理什么类型的任务?
2. 循环神经元的训练过程主要包括哪些步骤? 与前馈神经网络有何区别?
3. 试比较循环神经网络中的梯度消失与前馈神经网络中的梯度消失问题。
4. 试列出几种改进循环神经网络梯度消失或梯度爆炸的方法。
5. 试说明长短期记忆网络的结构特点。它如何实现长短期记忆?
6. 门控循环单元的结构与长短期记忆网络有何不同? 这带来哪些影响?
7. 什么是注意力机制? 如何实现注意力机制的计算?
8. 结合文献调研,进一步思考并举例说明智能制造中有哪些场景可以使用循环神经网络。

参考文献

[1]　邱锡鹏.神经网络与深度学习[M].北京:机械工业出版社,2020.
[2]　焦李成,赵进,杨淑媛,等.深度学习、优化与识别[M].北京:清华大学出版社,2017.

［3］ HOCHREITER S，SCHMIDHUBER J. Long short-term memory［J］. Neural Computation，1997，9(8)：1735-1780.

［4］ CHO K，VAN MERRIËNBOER B，GULCEHRE C，et al. Learning phrase representations using RNN encoder-decoder for statistical machine translation［J］. arXiv preprint arXiv：1406. 1078，2014.

［5］ SCHUSTER M，PALIWAL K K. Bidirectional recurrent neural networks［J］. IEEE Transactions on Signal Processing，1997，45(11)：2673-2681.

［6］ GRAVES A，SCHMIDHUBER J. Framewise phoneme classification with bidirectional LSTM and other neural network architectures［J］. Neural Networks，2005，18(5-6)：602-610.

［7］ MAY R，CSANK J，LITT J S，et al. Commercial modular aero-propulsion system simulation 40k (C-MAPSS40k)user's guide［R］. Cleveland：National Aeronautics and Space Administration，2010.

［8］ ZHENG S，RISTOVSKI K，FARAHAT A，et al. Long short-term memory network for remaining useful life estimation ［C］//2017 IEEE International Conference on Prognostics and Health Management (ICPHM). IEEE，2017：88-95.

第 8 章

生成对抗网络

深度学习早期的成功主要集中在判别模型(discriminative model),这类模型旨在直接学习输入数据与其对应标签之间的关系,通过识别数据中的模式和特征来执行分类或回归任务。判别模型的目标是最大化数据和标签之间的条件概率 $P(Y|X)$,即给定输入 X 预测输出 Y。

与判别模型相比,深度生成模型的发展相对滞后。生成模型的任务是学习数据的概率分布,并生成与训练数据相似的新数据。这类模型在图像生成、文本生成和音乐创作等领域具有广泛的应用前景。然而,生成模型面临的挑战较多,包括训练难度大、生成质量不高以及模型评估困难等。为了克服这些困难,生成对抗网络(generative adversarial networks,GAN)应运而生。

本章首先介绍生成对抗网络的基本原理与结构,其中包括生成器与判别器的功能与作用、训练过程、损失函数、收敛性等;然后介绍条件生成对抗网络、信息最大化生成对抗网络等变型;最后介绍生成对抗网络在图像处理中的应用,包括图像生成、图像编辑、图像超分辨率等。

8.1 生成对抗网络概述

深度生成模型旨在学习数据的潜在概率分布,从而生成与训练数据相似的新样本。为了实现这一目标,我们通常将数据映射到比数据空间低维的空间,即潜在空间(latent space)。潜在空间为模型提供了一个压缩的表示方式,使得复杂的数据分布可以通过更简单的结构来处理,且潜在空间中数据的潜在特征或表示被捕捉和建模,即形成潜在向量(latent vector),使得生成模型能够更有效地学习和生成数据。

潜在变量(latent variable)是指潜在空间中的隐含变量,它们构成了潜在空间。如果我们假设潜在变量的概率分布遵循一个已知的分布(如标准正态分布),即显式地构建出概率密度函数,然后求解参数,这就是显式密度模型,典型代表如变分自编码器(variational auto-encoder,VAE)。变分自编码器由 Diederik Kingma 和 Max Welling 于 2013 年提出,它通过编码器(encoder)将数据映射到潜在空间,并假设潜在变量遵循一个已知的分布(通常是标准正态分布),然后再通过解码器(decoder)从潜在空间生成与训练数据相似的样本。其核心在于利用变分推断来优化潜在变量的分布,从而在生成样本的过程中实现较好的训练

VAE 可视化解释

稳定性和潜在空间的可操作性。

潜在变量的分布对于生成模型的性能至关重要。在显式密度模型中,假设潜在变量服从标准正态分布可以带来数学便利性、良好的生成能力、优化方便性等。然而,根据具体的任务和数据特性,有时也可能需要采用其他类型的分布。针对这种情况,隐式密度模型不直接对数据的概率分布进行显式建模,而是通过一种生成过程来间接学习数据分布。

2014 年,Ian Goodfellow 及其团队提出了生成对抗网络,成为深度生成模型的突破性进展。生成对抗网络的原理灵感来源于博弈论中的对抗性游戏,其核心思想是将生成任务转化为一个对抗性博弈,其中生成器(generator)和判别器(discriminator)两个网络在这一博弈中相互竞争,从而不断改进各自的能力。生成对抗网络的生成过程并不显式地定义数据的概率分布,而是通过生成器的网络结构和训练过程,隐式地学习到数据的分布,因此属于隐式密度模型。

生成对抗网络在深度学习和深度生成模型中占据重要地位,它通过对抗训练的方式,显著提高了生成样本的质量,推动了生成模型领域的深入研究,还催生了许多新技术和应用,如条件生成对抗网络、信息最大化生成对抗网络等。这些变型进一步改进了生成模型的稳定性和生成能力,特别是在图像生成领域有出色的表现。因此,生成对抗网络被誉为 21 世纪最强大算法模型之一,并且标志着深度学习进入了生成模型研究的新阶段。

8.2 生成对抗网络的层级结构

生成对抗网络通过生成器 G 和判别器 D 两者的对抗训练提升生成质量。具体地,考虑一组输入数据 X,其中的数据 x 符合一个未知的分布 $p_{data}(x)$。我们希望得到一个模型能够生成符合 $p_{data}(x)$ 分布的样本,但直接建模 $p_{data}(x)$ 一般比较困难。假设有一个比数据空间低维的潜在空间,其中包含数据生成的潜在表示或隐含特征 z,且在潜在空间有一个简单容易采样的分布 $p_g(z)$。

在生成对抗网络中,生成器的输入数据来自潜在空间,也被称为噪声空间(noise space)。我们可以用神经网络构建生成器 G,使用从潜在空间中采样得到的随机噪声向量作为生成器的输入来生成数据样本 $G(z; \theta_g)$,其中 θ_g 为生成器的网络参数。潜在空间的设计和选择是决定生成对抗网络有效性的关键因素之一。最后通过判别器 D 区分真实数据和生成数据,判别器是一个二分类模型,它接收输入样本并输出一个概率值 $D(x; \theta_d)$,表示输入样本为真实数据的可能性,其中 θ_d 为判别器的网络参数。输出为 1 表示真实数据,输出为 0 表示生成数据。生成对抗网络的基本结构如图 8-1 所示。

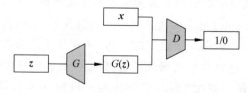

图 8-1 生成对抗网络的结构

需要注意的是,Goodfellow 团队最初提出的生成对抗网络使用多层感知机作为生成器和判别器的基础架构。这意味着网络主要由全连接层构成,没有使用卷积层。即,生成器将噪声空间中采样的随机向量经过一系列全连接层,生成一个高维的输出(如图像),判别器同样通过全连接层判断输入样本的真假。最初的生成对抗网络被应用于生成相对简单的图像(如手写数字),但由于使用了全连接层,生成图像的分辨率和质量受到限制。

2015 年,Alec Radford 等提出深度卷积生成对抗网络(deep convolutional generative adversarial network,DCGAN),成功将深度卷积网络应用于生成对抗网络的模型。深度卷积生成对抗网络在生成器和判别器的设计中完全去除了全连接层,而是使用卷积层和反卷积层(也称为转置卷积层)。这种架构更适合处理图像数据,因为卷积网络可以更好地捕捉图像的局部特征和空间结构,且减少了模型参数数量,提升了模型的稳定性和训练效率。图 8-2 给出了一个深度卷积生成对抗网络的生成器示例,它将 100 维的噪声向量 z 投影重塑为 1024 个通道的较小空间范围(4×4)的特征图,再通过四个分数步长卷积(fractionally-strided convolutions),或称为反卷积(deconvolutions),将低维特征图转换为高维特征图,最终得到 64×64 像素的 3 通道图像。

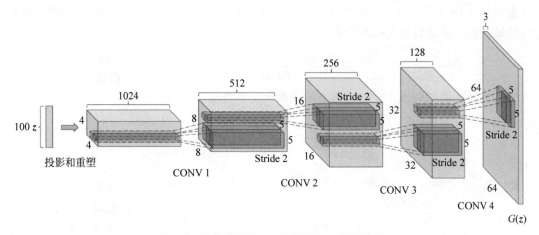

图 8-2　深度卷积生成对抗网络的生成器示例

8.2.1　生成器与判别器的工作原理

生成对抗网络不构建显式的密度函数,而是希望通过生成器和判别器的对抗训练来确保生成模型产生的样本逐渐逼近真实的数据分布。那么生成器与判别器具体是如何工作的?下面简要说明其数学原理。

生成对抗网络中,判别器是一个二分类神经网络,也称为判别网络(discriminator network),它接收样本 x 作为输入,并输出一个标量 $D(x)$,表示该样本来自真实数据分布 $p_{data}(x)$ 的概率;生成器也是一个神经网络,即生成网络(generator network),为了学习生成器在 x 上的分布 $p_g(x)$,我们定义潜在空间中的输入噪声向量 z 及其先验分布 $p_z(z)$,z 通过生成器映射到数据空间 $G(z)$。

判别器 D 的目标是最大化对真实数据的输出,使其接近 1;最小化对生成数据的输出,使其接近 0。因此,在真实数据分布 $p_{data}(x)$ 下,判别器希望最大化对真实样本 x 输出的概率 $\log D(x)$,这里的对数为自然对数。相反地,在噪声分布 $p_z(z)$ 下,判别器希望最小化对生成样本 $G(z)$ 输出的概率 $\log D(G(z))$,这等价为最大化 $\log(1-D(G(z)))$。

同时,生成器 G 的目标是生成尽可能逼真的样本,使得判别器无法区分这些样本和真实数据,即最小化 $\log(1-D(G(z)))$。

综合起来,生成对抗网络的优化目标可以表示为对关于生成器 G 和判别器 D 的目标函数 $V(G,D)$ 的最小化最大化游戏(minimax game):

$$\min_{G}\max_{D}V(G,D)=E_{x\sim p_{\text{data}}(x)}[\log D(x)]+E_{z\sim p_z(z)}[\log(1-D(G(z)))] \quad (8\text{-}1)$$

这里,E 表示期望。下面首先讨论如何求出最优的判别器 D。对于任一给定的生成器 G,判别器 D 的优化目标为最大化:

$$
\begin{aligned}
V(G,D)&=E_{x\sim p_{\text{data}}}\big[\log D(x)\big]+E_{z\sim p_z}\big[\log(1-D(G(z)))\big]\\
&=\int p_{\text{data}}(x)\log(D(x))\mathrm{d}x+\int p_z(z)\log(1-D(G(z)))\mathrm{d}z\\
&=\int\big[p_{\text{data}}(x)\log(D(x))+p_g(x)\log(1-D(x))\big]\mathrm{d}x \quad (8\text{-}2)
\end{aligned}
$$

对于任何 $(a,b)\in\mathbb{R}^2\backslash\{0,0\}$,函数 $a\log(y)+b\log(1-y)$ 在 $y=a/(a+b)$ 处取得其在 $[0,1]$ 内的最大值。即此时最优的判别器为

$$D_G^*(x)=\frac{p_{\text{data}}(x)}{p_{\text{data}}(x)+p_g(x)} \quad (8\text{-}3)$$

基于这个最优的判别器 $D_G^*(x)$,则最小化最大化游戏变为

$$
\begin{aligned}
C(G)&=\max_{D}V(G,D)=V(G,D_G^*)\\
&=E_{x\sim p_{\text{data}}}\big[\log D_G^*(x)\big]+E_{z\sim p_z}\big[\log(1-D_G^*(G(z)))\big]\\
&=E_{x\sim p_{\text{data}}}\big[\log D_G^*(x)\big]+E_{x\sim p_g}\big[\log(1-D_G^*(x))\big]\\
&=E_{x\sim p_{\text{data}}}\left[\log\frac{p_{\text{data}}(x)}{p_{\text{data}}(x)+p_g(x)}\right]+E_{x\sim p_g}\left[\log\frac{p_z(x)}{p_{\text{data}}(x)+p_g(x)}\right]\\
&=-\log 4+\text{KL}\left(p_{\text{data}}\,\Big\|\,\frac{p_{\text{data}}+p_g}{2}\right)+\text{KL}\left(p_g\,\Big\|\,\frac{p_{\text{data}}+p_g}{2}\right)\\
&=-\log 4+2\text{JS}(p_{\text{data}}\,\|\,p_g) \quad (8\text{-}4)
\end{aligned}
$$

其中,KL 散度(Kullback-Leibler divergence)又称相对熵,用于量化一个概率分布与另一个概率分布之间的偏离程度。JS 散度(Jensen-Shannon divergence)是对称化和正规化后的 KL 散度,同样用来衡量两个概率分布之间的相似性。与 KL 散度不同,JS 散度具有对称性,并且其取值范围有限制,因此在实际应用中更为常用。JS 散度非负,当且仅当 $p_g=p_{\text{data}}$ 时,JS 散度为 0,$C(G)$ 达到全局最小值 $-\log 4$。这意味着当我们通过训练 D 和 G 将 $C(G)$ 优化到其全局最小值时,生成器就成功地学习到了真实数据的分布,这正是我们所期望的结果。生成器和判别器正是通过这种方式,从原理上确保了生成对抗网络的生成模型产生的样本逼近真实的数据分布。

8.2.2 生成对抗网络的训练过程

生成对抗网络的训练过程是一个同时更新判别器和生成器的过程,使得判别器越来越难以判别数据是来自真实分布 p_{data} 还是来自生成器生成的样本分布 p_g。

图 8-3 给出了训练过程数据分布演变的示意图,虚线为判别器输出值,点线为真实数据分布,实线为生成样本分布;曲线下方的部分,最下方的直线是噪声取样 z 所在的潜在空间(这里表示均匀取样),上方的直线则表示样本空间,两条直线之间向上的箭头展示了生成器 G 如何将潜在空间的输入映射为非均匀的分布 p_g。

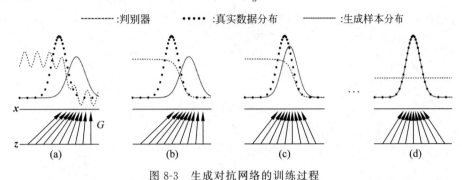

图 8-3　生成对抗网络的训练过程

从图 8-3 中可以形象化地看出训练过程的演变。图 8-3(a)所示为一对接近收敛的对抗网络,此时生成样本的分布 p_g 与真实数据分布 p_{data} 较为接近,而 D 是一个部分准确的判别器。经过训练,图 8-3(b)中,判别器(虚线)变得更加能够分辨数据是否来自真实分布(点线),即虚线能够更加稳定且准确地对真实数据给出接近 1 的输出。图 8-3(c)中,更新 G 后,生成样本分布越来越接近真实数据分布(实线越来越接近点线),且下方的箭头表示:D 的梯度引导 $G(z)$ 流向更有可能被判别器 D 分类为来自真实数据分布的区域。如图 8-3(d) 所示,经过一定步数的训练,生成器和判别器收敛于 $p_g = p_{\text{data}}$,判别器无法区分这两个分布,此时 $D(\boldsymbol{x}) = 1/2$。

为了达到这种训练效果,需要细致设计训练过程。由于对抗训练的过程中生成器和判别器的目标相反,生成对抗网络的训练相对于普通神经网络有一些特殊性。特别要关注判别器过强或过弱问题。如果判别器过强,生成器可能难以从中获得有效的梯度信息,导致生成器无法有效地更新其权重;相反,如果判别器过弱,则生成器可能无法学到如何生成真实的数据样本,因为它没有足够的信号来指导生成器。因此,我们一般希望在训练过程中判别器的能力稍微强于生成器,但不能过于强大。

在生成对抗网络的训练中,为了使生成器得到有意义的反馈,通常会让判别器更新 K 次,而生成器更新一次,使前者比后者更强一些。其中 K 为超参数,具体取值需要根据任务和数据集进行调整,以达到最佳的训练效果。生成对抗网络的训练流程如图 8-4 所示。

需要注意,式(8-1)这种目标函数形式一般仅用来进行理论分析,而在实践过程中可能无法为生成器 G 提供足够的梯度以进行良好的学习。这是因为在训练初期,当生成器 G 表现不佳时,生成样本与数据样本明显不同,判别器 D 很容易对生成样本输出接近 0 的值,此时若 G 的优化目标为最小化 $\log(1 - D(G(z)))$,则很快饱和。因此,通常训练 G 的目标为最大化 $\log D(G(z))$。

8.2.3　生成对抗网络的收敛性

生成对抗网络的目标是使生成器生成的数据分布与真实数据分布尽可能接近,而判别

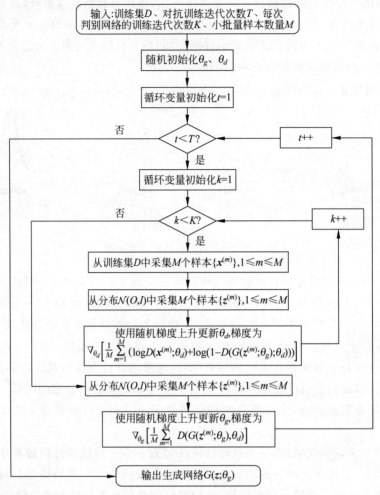

图 8-4　生成对抗网络的训练流程

器则试图准确地区分这两者。理想情况下,在训练过程中生成器和判别器应该在训练的终点达到平衡,目标函数值逐渐收敛,此时生成器能够生成逼真的样本,而判别器无法区分真实数据和生成数据。

　　然而,实际训练中,多种原因可能导致无法达到理论上的收敛。

　　例如,在训练过程中,特别是在生成器和判别器的梯度变化剧烈时,可能会出现梯度爆炸或梯度消失的问题。这会导致网络训练困难,模型参数更新不稳定,从而影响整体收敛性。

　　在生成对抗网络的训练中,还可能出现模型坍塌(model collapse)问题。模型坍塌指的是生成器仅生成有限几种样本,或者仅集中在某些特定的模式上。这意味着尽管生成器的损失函数可能达到稳定状态,但生成的数据并未全面覆盖真实数据的多样性。这种现象在训练时表现为生成样本的多样性不足,生成的样本可能只集中在真实数据分布中的某几个模式上,忽略了其他可能的模式。例如,在训练生成对抗网络以生成手写数字时,可能只生成某个特定的数字(如"3"),而不是 0~9 的所有数字。

　　导致模型坍塌的原因可能是多方面的,例如训练不平衡,若判别器过于强大,生成器可能没有足够的梯度信号来学习到更全面的样本分布,从而导致生成器只集中在少数几个模式上。或在某些情况下,生成器的梯度信号可能过于微弱,导致它难以探索数据分布中的其他模式,从而陷入生成相似样本的困境。损失函数和优化算法的设计也可能导致模型坍塌,某些损失函数可能"鼓励"生成器生成容易欺骗判别器的样本,而不是多样化的样本,或所使用的优化算法可能未能有效引导生成器探索数据分布中的所有模式。

8.3　生成对抗网络进阶

标准的生成对抗网络尽管能够生成高质量的数据,但存在生成结果不可控、难以利用带标签的数据等不足,因此在实际应用中可能缺乏灵活性和实用性,这些不足导致了对更精细控制生成过程的需求。生成对抗网络的一些变型由此发展出来。

8.3.1　条件生成对抗网络

条件生成对抗网络(conditional generative adversarial networks,CGAN)由 Mehdi Mirza 和 Simon Osindero 在 2014 年提出,其目的是在生成对抗网络的基础上引入条件变量,使生成过程能够为特定条件所控制。

回顾标准生成对抗网络的目标函数,即式(8-1),它仅依赖于随机噪声向量 z 来生成样本。生成器 G 接收一个随机噪声向量 z 并生成样本 $G(z)$,这样的问题在于,生成的内容无法直接控制。这种随机生成方式在某些应用场景中是局限的,因为用户通常希望生成具有特定属性或符合某种特定条件的样本。

条件生成对抗网络通过引入条件变量,使生成器能够在生成样本时,根据特定条件生成具有预期属性的样本,从而实现对生成内容的控制。在条件生成对抗网络中,生成器 G 会同时接收随机噪声向量 z 和条件变量 y,然后生成样本 $G(z,y)$。判别器 D 同样会接收到样本及其对应的条件 y,并判断这些样本是否为真实数据。

因此,条件生成对抗网络的目标函数为

$$\min_G \max_D V(D,G) = E_{x\sim p_{\text{data}}(x)}\big[\log D(x\mid y)\big] + E_{z\sim p_z(z)}\big[\log(1 - D(G(z\mid y)))\big]$$

$$(8-5)$$

可以看出,相比式(8-1),条件生成对抗网络的目标函数整体是一致的,但判别器和生成器的输入都增加了条件信息 y。例如,在图像生成任务中,y 可以是类别标签(如数字图像中的数字 0~9)或其他特定特征(如颜色、风格等)。这个条件变量可以是离散的(如类别标签)或者连续的(如图像风格的变化尺度)。

如果使用带标签的数据集,y 直接从数据集中获取。例如,MNIST 数据集中每张手写数字图片都对应一个标签(0~9),训练时就可以直接使用这个标签作为条件变量 y。如果标签数据本身是人为定义的,如风格转换任务中定义的某种风格,或者图片中的物体位置,那么 y 是由设计者在训练过程中手动指定的。

在使用生成器生成样本时,用户则可以选择特定的 y 值(如选择生成数字"6"的图像),在确定了标签 y 后,生成器再从噪声空间中采样一个随机噪声向量 z。这个噪声向量为生成过程引入了随机性,使得即使在相同的标签 y 下也能生成多样化的样本。具体地,通常

将 z 和 y 连接在一起,形成一个扩展的输入向量(z,y)。这个向量可以通过简单地串联(concatenation)或通过更复杂的方式(如将 y 通过一个嵌入层处理后再与 z 结合)输入到生成器网络中。

图 8-5 所示为条件生成对抗网络结构示意图。

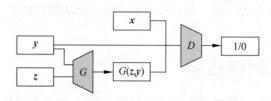

图 8-5　条件生成对抗网络结构示意图

需要注意的是,如果我们有带标签的数据集,希望由此训练神经网络模型,生成带标签的数据,一种简单的想法可能是直接将标签作为模型输入、内容作为输出进行训练。这样的生成过程确实可以实现某种程度的标签控制。然而,实验证明,这种直接方法在生成特定标签对应的内容时,通常只能输出单一的结果,缺乏生成样本的多样性,因为模型往往会学习到一种"平均"或"最可能"的结果,难以捕捉数据中的多种模式。

因此,直接使用标签作为输入、内容作为输出的模型在简单、明确的任务中可能有效,但在复杂数据生成、需要多样性和精细控制的应用中,条件生成对抗网络具有更强大的能力。条件生成对抗网络不仅能生成多样性高的样本,还能在复杂生成任务中保证生成结果的质量和灵活性,因此在很多实际应用中,条件生成对抗网络比直接方法更适用。

8.3.2　信息最大化生成对抗网络

条件生成对抗网络通过将额外的条件信息(如标签)输入到生成器和判别器中,在一定程度上弥补了标准生成对抗网络的可控性问题。但它仍然存在两点主要不足:

(1)条件的有限性。条件生成对抗网络只能根据预先定义的条件变量生成样本,无法自动发现和学习数据中的潜在结构或特征。例如,如果我们希望生成不同风格的数字"3"(如不同粗细、倾斜角度等),我们需要为这些风格预先定义条件变量并标注数据,这在实际应用中可能不切实际。

(2)潜在空间的可解释性问题依旧存在。即使有了条件变量 y,对于噪声向量 z 的各个维度仍然没有明确的解释,因此生成样本的细微特征仍然难以通过调节 z 的某些维度来控制。

因此,通过添加标签进行监督学习改进生成对抗网络的方法存在较大局限。为了进一步解决标准生成对抗网络的可解释性和可控性问题,Chen 等于 2016 年提出了信息最大化生成对抗网络(information maximizing generative adversarial networks,InfoGAN),简称信息生成对抗网络。与条件生成对抗网络不同,信息生成对抗网络的原始训练数据并不含有任何标签信息,所有特征都是通过网络以一种无监督的方式自动学习得到的。因此,信息生成对抗网络是一种更为灵活和自动化的方法。

具体地,信息生成对抗网络也由生成器和判别器组成,但增加了一个潜在编码 c,这里的 c 通常被设计为具有具体意义的变量,比如某些离散或连续的变量,这些变量可能对应于生成样本的某些可解释特征(如图片的类别、旋转角度、颜色等)。这些编码通常来自一个定义好的先验分布 $P(c)$。当然,我们并不会人为明确定义潜在编码的每个维度应该代表什么样的特征,潜在编码不同维度的含义是通过无监督学习自动学到的。

信息生成对抗网络的核心思想是通过最大化生成样本 $G(z,c)$ 与潜在编码 c 之间的关联性,使得潜在编码的每个维度都与生成样本的某些可解释特征相关联。为了量化这种关联性,引入信息论中的一个概念——互信息(mutual information)。具体来说,互信息 $I(X;Y)$ 衡量了给定一个变量 X 后,另一个变量 Y 的不确定性减少了多少。互信息的计算公式如下:

$$I(X;Y) = H(X) - H(X \mid Y) = H(Y) - H(Y \mid X) \tag{8-6}$$

其中,$H(X)$ 是随机变量 X 的熵,表示 X 的不确定性。$H(X|Y)$ 是给定 Y 后 X 的条件熵,表示在知道 Y 的情况下 X 的残余不确定性。互信息值越高,表示两个变量之间的相关性越强,即通过一个变量可以更好地预测另一个变量。

因此,信息生成对抗网络需要最大化生成样本与潜在编码之间的互信息 $I(c;G(z,c))$。互信息值越大,意味着生成样本中能够包含越多关于潜在编码的信息,这样一来,生成样本的某些特征就可以通过潜在编码的某些维度来控制,从而提高生成样本的可解释性。例如,如果 c 的某个维度控制图像的旋转角度,那么最大化互信息可以确保这个维度对生成图像的角度有直接影响。

与标准生成对抗网络的目标函数结合,信息生成对抗网络的目标函数定义如下:

$$\min_{G}\max_{D} V(D,G) - \lambda I(c;G(z,c)) \tag{8-7}$$

其中,λ 是一个权衡参数,控制对互信息项的重视程度。

然而,计算互信息 $I(c;G(z,c))$ 是困难的,因为式(8-6)中条件熵的计算涉及计算复杂的后验分布 $P(c|G(z,c))$。为了简化计算,Chen 等关于 InfoGAN 的原始论文中使用了一个变分下界的技巧,通过引入一个辅助分布 $Q(c|x)$ 来近似后验分布 $P(c|x)$。最终得到互信息的下界为

$$L_I(G,Q) = E_{c \sim P(c), x \sim G(z,c)}[\log Q(c \mid x)] \tag{8-8}$$

通过最大化这个下界 $L_I(G,Q)$,信息生成对抗网络实际上是在优化生成样本 x 和潜在编码 c 之间的互信息。

将 $L_I(G,Q)$ 代入式(8-7),得到目标函数的最终形式如下:

$$\min_{G,Q}\max_{D} V_{\text{InfoGAN}}(D,G,Q) = V(D,G) - \lambda L_I(G,Q) \tag{8-9}$$

其中 λ 为超参数。通过优化这个目标函数,信息生成对抗网络自动调整生成器 G 和辅助分布 Q 的参数,使得每个维度的潜在编码 c_i 对应于生成样本中的某个具有明确可解释性的样本特征,同时判别器 D 尽可能地辨别出真实样本与生成样本之间的差异。

在实际操作中,辅助分布 Q 由神经网络来实现,称为 Q 网络。在大多数实验中,Q 和 D 共享所有卷积层,只是在最后增加一个全连接层用于条件分布 $Q(c|x)$ 的输出参数,这个条件分布用于计算式(8-8)的互信息下界。这意味着,信息生成对抗网络只增加很小的计算量,且实验证明,$L_I(G,Q)$ 的计算往往比 $V(D,G)$ 收敛更快,因此信息生成对抗网络相对于标准的生成对抗网络基本上不会带来额外计算成本。

综合以上分析,信息生成对抗网络的结构如图 8-6 所示。生成器 G 接收随机噪声 z 和

潜在编码 c 作为输入,生成样本 $G(z,c)$。判别器 D 区分真实样本和生成样本,辅助网络 Q 用来估计生成样本 $x=G(z,c)$ 与潜在编码 c 之间的关系。

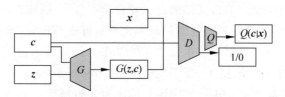

图 8-6　信息生成对抗网络结构示意图

实验表明,信息生成对抗网络在多个数据集上表现出色,成功地捕捉并学习到了数据中的重要特征,这些特征可以通过潜在编码进行控制,以生成具有解释性和可控特征的数据样本。例如,在手写数字数据集 MNIST 上训练后,通过调整潜在编码,信息生成对抗网络能够生成具有不同风格和角度的手写数字,图像生成的质量较高,并且能够精确控制图像的某些属性,如旋转角度或笔画粗细;在面部图像数据集 CelebA 上训练后则可以通过调整潜在编码生成不同朝向、不同表情、不同发色的面部图像;同样,在 3D 图像数据集 3DShapes 上训练后可以生成具有特定形状、颜色和材质的 3D 图像。这些实验证明了信息生成对抗网络在无监督学习中的强大潜力,特别是在需要生成高质量和可解释数据样本的任务中。

8.4　生成对抗网络在图像处理中的应用

生成对抗网络最显著的特点就是能够从训练图像中学习特征,并利用这些特征创造出新的图像,这一特点使其在图像处理中具备非常大的应用潜力,在图像的生成、编辑、超分辨率等许多方面有着非常高的创造力。这里根据这几个方面的应用,以案例进行说明。

8.4.1　图像生成

图像生成是生成对抗网络最为广泛的应用。生成器网络生成逼真的新图像,而鉴别器网络判断目标是真实数据还是生成数据,两个网络的对抗使得生成器网络的生成图像具备了真实数据的特征分布,从而达到了新图像生成的目的。在本案例中使用 MINST 数据集,MINST 数据集是一个经典的计算机视觉数据集,包括 0～9 的很多手写数字图片,如图 8-7 所示。我们的目的是通过生成对抗网络学习该数据集的特征,并创造出逼真的新的手写数字图片。

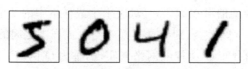

图 8-7　MINST 数据集示例

这里的生成对抗网络较为简单,生成器由线性层、LeakyReLU 激活函数、Dropout 层组成,并且由 tanh 函数输出每个像素位置的灰度值。而鉴别器同样由这些结构组成,但是输出函数使用 Sigmoid,以体现鉴别是否真实数据的概率。生成对抗网络训练过程中的生成器与鉴别器的损失函数变化如图 8-8 所示,可以看到在训练的开始,生成器的损失函数很高而鉴别器损失函数很低,此时生成的图片质量不佳,鉴别器能够简单地辨别。随着训练过程的进行,生成器的损失函数逐渐下降,而鉴别器的损失函数上升,说明模型生成的图片越来越能够以假乱真。生成的 MINST 图片如图 8-9 所示。

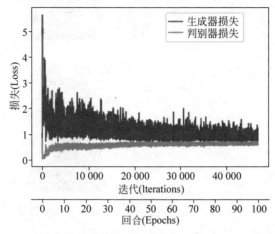

图 8-8　生成对抗网络训练过程中的生成器与鉴别器的损失函数变化

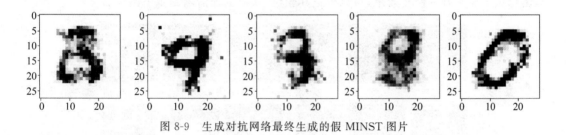

图 8-9　生成对抗网络最终生成的假 MINST 图片

8.4.2　图像编辑

对于图像编辑,我们以基于生成对抗网络的水下图像增强为例进行说明。由于复杂的环境因素以及光的衰减,水下拍摄的图像会产生各种各样的失真情况,如出现失色、低对比度、模糊等问题,这限制了水下科学的发展。通常的水下图像增强通过构建光在水中传播的物理模型对图像进行修正,然而水下环境的复杂性使得建立一个普适的物理模型的难度极大。而基于机器学习的水下图像增强方法提供了一种新思路。

如图 8-10 所示,使用生成对抗网络对水下图像进行修复。生成器接收模糊的水下图像,目标是生成清晰的水下图像。鉴别器通过真实清晰的水下图像与恢复的水下图像的特征差异来进行判定。生成器与鉴别器都采用卷积神经网络进行架构。数据集是通过使用基于水下不同光衰减的物理成像模型生成的,采用不同的物理条件与浊度增强数据集。这里使用的是生成对抗网络的一种变型 Wasserstein GAN(Wasserstein generative adversarial networks,WGAN),其核心是通过引入 Wasserstein 距离(也称为 earth-mover's distance,EMD)作为损失函数,显著提升了生成对抗网络的稳定性和生成质量。

WGAN 详解

最终训练完成的生成对抗网络展现出优秀的修复能力,如图 8-11 所示。测试集是在不

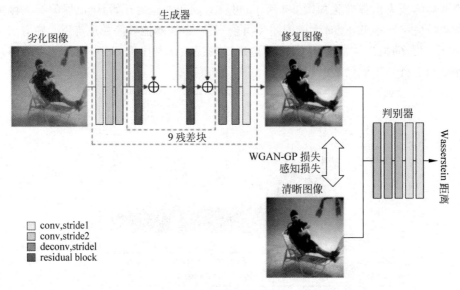

图 8-10　生成对抗网络修复水下图像模型示意图

同的水下场景获得的图像,有着不同的颜色波长衰减。结果表明,生成对抗网络能够对测试集图像做出非常好的修复效果,可以校正其颜色,获得更加清晰的水下图像。

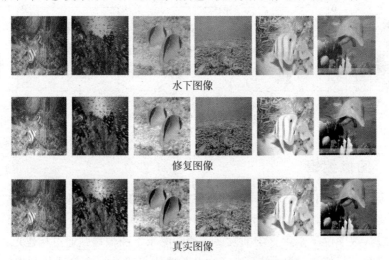

图 8-11　生成对抗网络修复水下图像示例

8.4.3　图像超分辨率

图像超分辨率(image super-resolution)是生成对抗网络的重要应用之一,这里以多孔介质的 μ-CT 图像增强为例进行说明。多孔介质的物理性质在很大程度上依赖于多孔介质的微观结构,其孔隙结构的准确表征和重建对石油天然气工业中的储量估算有着关键意义。然而非常规的复杂多尺度微观结构给孔隙尺度成像带来了重大的挑战。X 射线计算机断层扫描可以获得孔隙结构的内部信息,为结构重建提供了关键的支撑。但是多孔介质的低分辨率和模糊的 CT 图像会导致结构细节的显著损失,使用数学算法对其进行超分辨率修正引起了越来越多的研究兴趣,而生成对抗网络是其中的佼佼者。研究表明,生成对抗网络在捕获高频细节和匹配更高分辨率下的保真度方面具有优势。本案例中使用的生成对抗网络架构如图 8-12 所示。

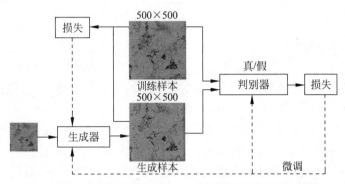

图 8-12　生成对抗网络用于 μ-CT 图像超分辨率的模型架构

这一案例中,μ-CT 图像数据集由两部分组成,如图 8-13 所示。第一部分用于训练生成对抗网络,第二部分用于测试模型的泛化。数据集的第一部分包含一组用于图像超分辨率训练的不同碳酸盐岩、天然裂隙煤和砂岩的灰度数字岩石图像。它包含 10 800 个二维图像(500×500 像素)。对数据集第一部分中的多孔图像进行随机排序,对高分辨率(HR)的图像进行双下采样、晶格模糊和高斯模糊处理,生成低分辨率(LR)图像。数据集的第二部分是通过相差 μ-CT 获得的不饱和渥太华砂的图像。

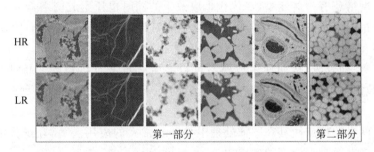

图 8-13　μ-CT 图像超分辨率的数据集示例

模型训练的部分结果如图 8-14 所示。图中第 1 列为原始图像,选取图像的一部分通过

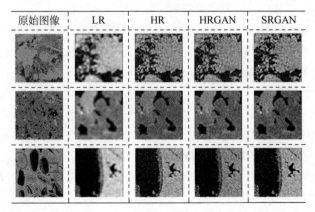

图 8-14　测试集上的部分结果示例

不同的生成对抗网络算法处理。第 2、3 列为该局部的低分辨率输入图像与高分辨率参考图像。第 4、5 列为高分辨率生成对抗网络（HRGAN）与超分辨率生成对抗网络（SRGAN）的结果。可以看到生成对抗网络显著地改善了多孔介质图像的视觉清晰度和纹理。

8.5　本章小结

生成对抗网络的核心思想是从训练样本中学习所对应的概率分布，以期根据概率分布函数获取更多的生成样本来实现数据的扩张。

生成对抗网络包括两个子网络模型：生成模型和判别模型。前者使得生成的伪图像尽可能与自然图像的分布一致；后者在生成的伪图像与自然图像之间做出正确判断，即二分类器。实现整个网络训练的方法便是让这两个网络相互竞争，最终生成模型通过学习自然数据的本质特性，从而刻画出自然样本的分布概率，生成与自然样本相似的新数据。

和传统单目标的优化任务相比，生成对抗网络的两个子网络的优化目标是对立的，因此其训练往往较困难且不稳定，需要平衡两个子网络的能力。判别网络刚开始的判别能力不宜过强，否则生成网络难以获得有效的梯度。然而，判别网络的判别能力也不能过弱，否则生成网络将无法获得足够的信息来改进生成效果。因此，在训练过程中需要使用技巧，使得在每次迭代中，判别网络的能力略强于生成网络，但又不能过于强大。

生成对抗网络还有一些变型，在优化生成效果的同时也让生成网络具备了更强的能力，如条件生成对抗网络（CGAN）和信息最大化生成对抗网络（InfoGAN）。CGAN 用于解决带标签数据的生成问题，可以通过参数的控制来指导数据的生成。InfoGAN 对传统的GAN 进行了一系列修改，从而使生成模型可以产生有意义且可解释的特征，与 CGAN 不同，原始训练数据并不含有任何标签信息，所有的特征都是通过网络以一种非监督的方式自动学习得到的。

生成对抗网络的特点使其在图像处理中具备非常大的应用潜力，在图像的生成、编辑、超分辨率等许多方面有着很高的创造力。

习题

1. 简要说明生成对抗网络的基本原理。它与传统的生成式模型有何区别？
2. 生成器和判别器的功能和作用分别是什么？如何协调它们的训练过程？
3. GAN 存在什么不足？可以从哪些方面改进？
4. CGAN 相较于 GAN 有何能力上的提升？这种提升是如何实现的？
5. InfoGAN 相较于 GAN 有何能力上的提升？这种提升是如何实现的？
6. 试对比分析 CGAN 与 InfoGAN 的原理和功能。
7. 生成对抗网络在图像处理中的能力可以为制造行业提供哪些支撑？

参考文献

［1］　史丹青.生成对抗网络入门指南［M］.北京：机械工业出版社，2018.

［2］　焦李成，赵进，杨淑媛，等.深度学习、优化与识别［M］.北京：清华大学出版社，2017.

［3］　邱锡鹏.神经网络与深度学习［M］.北京：机械工业出版社，2020.

［4］　GOODFELLOW I，POUGET-ABADIE J，MIRZA M，et al. Generative adversarial nets［C］//Advances in Neural Information Processing Systems. Montreal：NeurIPS，2014，27.

［5］　KINGMA D P，WELLING M. Auto-encoding variational Bayes［J］. arXiv preprint arXiv：1312. 6114，2013.

［6］　RADFORD A，METZ L，CHINTALA S. Unsupervised representation learning with deep convolutional generative adversarial networks［J］. arXiv preprint arXiv：1511. 06434，2016.

［7］　ARJOVSKY M，CHINTALA S，BOTTOU L. Wasserstein generative adversarial networks［C］// International Conference on Machine Learning. PMLR，2017：214-223.

［8］　MIRZA M，OSINDERO S. Conditional generative adversarial nets［J］. arXiv preprint arXiv：1411. 1784，2014.

［9］　CHEN X，DUAN Y，HOUTHOOFT R，et al. InfoGAN：Interpretable Representation Learning by Information Maximizing Generative Adversarial Nets［C］//Advances in Neural Information Processing Systems. Barcelona：NeurIPS，2016：2172-2180.

［10］　ISOLA P，ZHU J Y，ZHOU T，EFROS A A. Image-to-image translation with conditional adversarial networks［C］//Proceedings of the IEEE Conference on Computer Vision and Pattern Recognition. Honolulu：IEEE，2017：1125-1134.

［11］　Sebastian Raschka. Deeplearning-models［EB/OL］. (2022-10-20)［2024-08-01］. https：//github. com/ rasbt/deeplearning-models.

［12］　YU X，QU Y，HONG M. Underwater-GAN：Underwater Image Restoration via Conditional Generative Adversarial Network［C］//Proceedings of the Pattern Recognition and Information Forensics：ICPR 2018 International Workshops，CVAUI，IWCF，and MIPPSNA，Beijing，China，August 20-24，2018，Revised Selected Papers 24. Springer International Publishing，2019：66-75.

［13］　CAI Z，YANG Y，MENG J，et al. Resolution enhancement and deblurring of porous media μ-CT images based on super resolution generative adversarial network［J］. Geoenergy Science and Engineering，2024，236：212753.

第9章

人工智能大模型

尽管人工智能在很多方面展现了良好的性能,但随着任务复杂性的增加,传统规模的模型仍逐渐暴露出能力不足的问题,无法充分捕捉和处理大规模数据中的细微特征。类似于人脑中数以百亿计的神经元及其复杂的连接方式,深度学习模型也在追求通过更加庞大的参数规模和复杂的网络结构来实现更强的智能行为,由此发展出人工智能"大模型"。

目前,大模型中的最重要分支就是大语言模型(large language model,LLM)。大语言模型专注于自然语言处理,通过海量的文本数据进行训练,展现出卓越的语言理解和生成能力。虽然大语言模型只是大模型的一个子集,但它们在推动人工智能技术发展方面起到了关键作用,成为大模型研究的重要代表。大语言模型的发展始于基于循环神经网络等架构的早期语言模型,随着计算能力和数据集规模的扩大,逐渐演变为基于 Transformer 架构的模型,如 BERT 和 GPT 系列。这些模型通过大规模的数据训练,能够理解和生成复杂的语言结构,并逐渐在人工智能领域占据重要地位。

大模型实现了对复杂数据特征的深度挖掘与高效处理,面对复杂任务时展现出更为出色的性能与泛化能力,可以在多个领域实现更高水平的智能化,有望带来深刻变革。例如,大语言模型与机器人结合,可以实现更智能且高效的自动化解决方案,使得机器人可以理解并执行口头指令,提高人机交互的便捷性;机器人还可以利用大语言模型从大量的文档、数据库和网络资源中获取知识,提升自主学习能力;大语言模型结合情感分析技术,可以使机器人更好地理解和回应用户的情感,从而提供更人性化的服务等。

本章主要介绍大模型的定义与发展、基本架构、训练优化和主要应用等。

9.1 大模型概述

9.1.1 大模型的定义与特征

大模型本质上是一个使用海量数据训练而成的深度神经网络模型,其巨大的数据和参数规模,实现了智能的涌现,展现出类似人类的智能。例如,研究表明,当预训练语言模型使用的数据和模型参数达到一定规模时,这些模型在多种自然语言处理任务中能够显著提升性能,并表现出一些小规模模型不具备的特性。为强调参数规模的影响,研究者引入了"大语言模型"或"预训练大模型"的概念,用以描述那些具有大规模参数的语言模型。

目前对于什么样的参数规模可以称之为"大"尚无明确标准,可能是几亿到几千亿以上。但可以明确的是,巨大的模型规模使大模型具有强大的表达能力和学习能力。大模型在许多任务中表现出色,是通向通用人工智能(artificial general intelligence,AGI)的一个重要步骤。

一般认为,大模型的一些主要特征包括:

(1) 参数规模巨大。大模型通常具有数亿到数千亿个参数,这使其能够学习和表达复杂的语言模式和特征。这样的大规模模型具备强大的表征能力和处理能力,能够在多个任务中展现卓越的性能。

(2) 海量训练数据。这些模型需要在大规模的训练数据集上进行训练。这些数据集通常涵盖广泛的文本来源,以确保模型能够捕捉到丰富的语言特征和知识。

(3) 深层架构。大模型采用深层的神经网络架构,如 Transformer,具有多个层级的编码器和解码器。这些复杂的结构使模型能够有效地处理和生成自然语言。

(4) 强大的计算需求。训练大模型需要大量的计算资源,包括高性能的 GPU 或 TPU 以及分布式计算系统。这是因为大模型的参数和数据规模都极其庞大,计算和存储需求也相应增加。

(5) 通用性和适应性。大模型具备强大的通用性,能够在多种自然语言处理任务中表现良好,如文本生成、问答、翻译等。通过迁移学习和微调,大模型能够适应不同的任务和应用场景。

(6) 涌现能力。随着模型规模的扩大,出现了许多预料之外的能力,如更复杂的推理和理解能力。这种涌现能力使大模型能够处理更复杂的语言任务和提供更高质量的结果。

(7) 高精度和性能。在许多任务中,大模型展示出卓越的性能,尤其是在处理复杂问题时。例如,在自然语言生成和理解任务中,大模型通常能够生成更加连贯和准确的文本。

(8) 多样化应用。大模型可以广泛应用于许多领域,包括自然语言处理、信息提取、对话系统等。其广泛的应用能力得益于其强大的特征学习和适应能力。

由于具备以上特征,大模型在世界范围内引发了广泛关注。

9.1.2　大模型的发展历程

作为新一代人工智能的代表性技术,大模型的发展离不开人工智能特别是深度学习领域早期的诸多成果。深度学习的快速发展为大语言模型的崛起奠定了坚实的基础。在深度学习的框架下,模型的表现力和训练能力得到了极大提升,促使语言模型从早期简单的统计方法逐渐演变为复杂的多层神经网络,最终发展成为如今的超大规模的语言模型。

特别地,21 世纪初期,模型的规模和复杂性显著提高。深度学习的理论和技术进入高速发展阶段。在第 6~8 章中,我们介绍了几种具有代表性的深度学习架构。

深度卷积神经网络在 ImageNet 大赛中取得了优异成绩,在处理复杂图像数据方面展示出强大的能力,掀起新一轮人工智能和深度学习狂潮。这证明了深度神经网络在处理大规模数据方面的潜力,为后续在语言模型中的应用奠定了基础。深度神经网络通过多个隐藏层的逐层抽象,能够捕捉数据中的复杂模式,这一能力也直接迁移到了自然语言处理中,使得模型能够更好地理解和生成语言。

循环神经网络及其改进版本 LSTM、GRU 等为处理序列数据提供了有效的工具。在自然语言处理领域,循环神经网络通过循环结构,能够对序列数据中的上下文信息进行建模,这是处理语言数据的关键能力。这种序列建模能力的提升为大语言模型的发展提供了初步的技术支撑,但仍存在局限性。

生成对抗网络标志着深度学习进入生成模型研究的新阶段,并引入了全新的生成模型训练方式。虽然生成对抗网络最初主要应用于图像生成领域,但其生成与对抗的核心理念对大语言模型的发展也产生了一定影响。对抗训练的策略启发了生成式语言模型在提升文本生成质量方面的研究,例如引入类似判别器的机制来评估和优化生成文本的流畅性和连贯性,或者采用对抗训练来增强模型的鲁棒性。此外,生成对抗网络强调的无监督学习能力也鼓励大语言模型在缺乏明确标签的数据上进行有效学习,从而扩展了训练数据的范围和多样性。

在此基础上,2017 年,注意力机制(attention mechanism)的提出极大地改变了自然语言处理的方式。Vaswani 等提出的 Transformer 模型通过自注意力机制,不仅克服了循环神经网络在长程依赖建模中的不足,还显著提高了并行计算的效率。Transformer 模型不再依赖于序列顺序,能够同时处理整段文本中的所有词语,并在处理每个词时考虑其他所有词,这使得模型在处理长文本时更加高效和精准。Transformer 模型成为现代大语言模型的核心架构,也直接催生了如 BERT、GPT 系列等大规模语言模型的诞生。

此外,深度学习模型的预训练与微调(fine-tuning)范式在大语言模型的发展中起到了至关重要的作用。通过在大规模语料库上进行预训练,模型能够学习到丰富的语言表示,再通过在特定任务上的微调,模型可以适应多种不同的语言任务。这一范式的广泛应用使得大语言模型在处理自然语言的广泛任务中表现出了卓越的性能,并且显著减少了在特定任务上的训练时间和数据需求。

当然,以上仅是几个代表性成果,这些技术为大语言模型提供了强大的计算和建模能力,使其能够处理海量数据,并在各种语言任务中展现出卓越的性能。大模型正是在深度学习这片肥沃的土壤上成长起来的参天大树。

2018 年,OpenAI 和 Google 分别发布了 GPT-1 与 BERT,自此预训练大模型成为自然语言处理的主流。BERT-Base 和 BERT-Large 的参数量分别达到 1.1 亿和 3.4 亿,GPT-1 为 1.17 亿,远超此前的深度神经网络。2019 年的 GPT-2 参数量增加至 15 亿。我国国内也相继推出了清华 ERNIE、百度 ERNIE、华为盘古等大模型。2020 年 OpenAI 发布了 GPT-3,参数规模达到 1750 亿,显著提升了性能表现。随后,基于人类反馈的强化学习(RLHF)、代码预训练、指令微调等策略被引入,用于进一步增强模型能力。2022 年,InstructGPT 和 WebGPT 等算法通过结合有监督微调和强化学习,进一步提升了大模型在特定任务中的表现。

2022 年 11 月,GPT-3.5 驱动的 ChatGPT 凭借其强大的自然语言处理能力迅速引起了广泛关注,展示了大模型在各种应用场景中的巨大潜力。2023 年,GPT-4 进一步提升了多模态理解和内容生成的能力,并在多个基准测试中取得了显著的成绩,体现了其在自然语言处理领域的卓越表现。全球各大机构也相继发布了此类系统,包括国外 Google 的 Bard、国内百度的文心一言等。

总体来说,数据、算力和算法的结合是推动大规模语言模型成功的关键。数据提供了丰富的语料库,使模型能够捕捉语言的复杂性;强大的计算资源支持模型在大规模数据上进行高效训练和推理;而先进的算法,如 Transformer 架构,则优化了模型的性能和训练效率。以 ChatGPT 为例,OpenAI 通过利用海量文本数据、微软 Azure 的强大算力和 GPT 系列的先进算法,成功开发了能够生成自然对话和处理多种任务的大规模语言模型。

目前,国内外有超过百种大模型相继发布。中国人民大学研究人员梳理了 2019—2023 年年初比较有影响力且模型参数量达百亿的大模型,如图 9-1 所示。

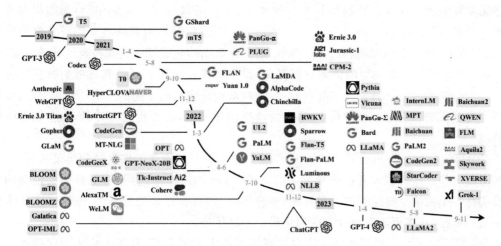

图 9-1　大规模语言模型发展时间线

9.1.3　大模型与传统机器学习算法的对比

大模型与传统机器学习算法在多个方面存在显著的差异,这些差异包括模型复杂性、数据需求、计算需求、能力和应用场景等。

(1) 模型复杂性。大模型和传统的机器学习算法存在很大区别。大模型通常基于深度学习技术,尤其是 Transformer 架构,拥有数亿到数千亿个参数。这使得大模型能够捕捉到数据中的复杂模式和细微差别,从而在处理 NLP(自然语言处理)等高级任务时表现非常突出。然而,这种高复杂性也意味着大模型在训练和部署时会更加复杂和困难。相比之下,传统的机器学习算法,如线性回归、决策树、支持向量机等,结构相对简单,参数较少。这些算法适合处理维度较低、结构明确的数据,易于理解和实现。虽然它们在捕捉复杂数据模式方面不如大模型,但在处理简单明确的数据任务时表现良好。

(2) 数据需求。大模型需要大量的数据进行训练,包括未经标注的文本、图片等,以此来学习广泛的知识和模式。如果缺乏大规模数据,大模型的性能可能会受到限制,无法充分发挥其优势。传统机器学习算法则对数据规模的要求相对较低,可以在较小的数据集上训练并获得较好的效果,它们通常依赖于高质量、标注好的数据来训练模型。

(3) 计算需求。大模型需要大量的计算资源,通常需要高性能的 GPU 或 TPU 集群。这不仅使得训练时间较长,成本高昂,还限制了其在资源受限环境中的应用。相比之下,传统机器学习算法的计算资源需求较低,可以在普通计算机上运行,训练和推理速度较快,成本较低,适合资源有限的环境。

(4) 能力表现。大模型具有强大的语言理解和生成能力,在复杂的自然语言处理任务上表现良好,如文本生成、翻译和问答系统等。大模型具有很强的泛化能力,适用于广泛的应用场景。而传统机器学习算法在特定任务和数据量有限的情况下表现良好,如分类、回归和聚类等。传统机器学习的性能依赖于特征选择和模型调优,适合处理结构化数据和明确的问题。

(5)应用场景。大模型广泛应用于自然语言处理、计算机视觉、语音识别等领域,能够处理需要理解和生成复杂数据的任务。例如,GPT-3可以用于内容创作、自动编程和智能客服等场景,展示了其在多种复杂任务中的潜力。传统机器学习算法则常用于数据分析和预测,如市场分析、金融预测和医学诊断等,适合处理结构化数据分析和经典统计学习问题。

(6)训练过程。大模型的训练过程复杂,需要大规模分布式计算和高效的数据处理管道。部署时需要考虑计算资源和延迟问题,这对基础设施提出了较高要求。相比之下,传统机器学习算法的训练过程相对简单,适合快速迭代和实验,部署也较为容易,适合资源受限的环境。

(7)可解释性。大模型通常被视为"黑箱",很难解释其内部工作机制和决策过程,解释性相对差一些。尽管研究者正在开发可解释的AI技术以提高透明度,但目前大模型的解释性仍是一个挑战。传统机器学习算法(如决策树)则具有较好的解释性,能够清晰展示模型决策的依据,在需要高解释性的应用场景中更具优势。

(8)学习方式。大模型通常采用自监督学习或无监督学习,利用大量未标注数据进行训练。它们能够从海量数据中自主学习语言模式和知识,展现出强大的学习和泛化能力。传统机器学习算法多采用监督学习,需要标注数据进行训练,依赖于明确的目标和损失函数,适合处理标注数据丰富的应用场景。

总体而言,大模型在处理复杂、海量数据和高级任务时表现出色,而传统机器学习算法在处理小规模、结构化数据和需要高解释性的任务时具有优势。两者在不同的应用场景和需求下各有优劣,可以根据具体情况选择合适的技术。未来,随着技术的不断发展,大模型和传统机器学习算法的结合与互补将可能带来更多创新和进步。

9.2 大模型的架构与构建流程

大模型的强大表现不仅依赖于庞大的数据和计算资源,更源于其背后复杂而精妙的架构设计。本节将首先介绍 Transformer 结构,并在此基础上以 BERT 和 GPT 为例介绍大规模预训练模型、多模态大模型。

9.2.1 Transformer

Transformer
详解

转换器(Transformer)模型是大模型的核心架构,由谷歌 Vaswani 等于 2017 年提出,最初应用于机器翻译问题,通过引入自注意力机制(self-attention mechanism)实现了对长距离依赖的高效处理,大幅提升了计算效率,为之后的大规模预训练模型奠定了基础。

与传统循环神经网络不同,Transformer 不再依赖于序列的顺序处理,而是同时处理整个序列中的所有位置。自注意力机制通过计算序列中每个单词与其他单词之间的相关性权重,来捕捉全局的上下文信息。这一创新使得 Transformer 能够更好地处理长距离依赖问题,并且在并行化计算方面表现优异。

首先需要注意,我们在对输入文本的语义和上下文关系进行建模之前,需要先将输入的词或词片段转换为模型可以处理的向量形式,并且保留序列中各个词的位置信息的关键部分。这正是嵌入层(embedding)和位置编码(positional encoding)的作用。嵌入层实际上是一个可训练的查找表,它将每个单词或词片段映射到一个低维的密集向量空间中。这个低维向量通常称为词向量,或嵌入向量(embedding vector)。通过这个映射,每个词被转换为一个固定维度的实数向量,这个向量的维度通常与模型的隐藏层大小一致(如 512 维或 1024 维)。这些嵌入向量不仅能够表示词汇的身份,还能通过训练学习到词汇之间的语义关系。比如,语义上相似的词在嵌入空间中通常会被映射到相近的向量。虽然嵌入层能够将词汇转换为向量表示,但它并未保留序列中词汇的顺序信息。然而,在自然语言中,单词的顺序对于理解句子的含义至关重要。例如,"我向他学习"与"他向我学习"的词汇是相同的,但含义不同。位置编码的作用是为每个词汇向量添加位置信息,以确保模型能够识别和处理序列中词汇的顺序。最终,输入嵌入层生成的词向量与位置编码相加,形成输入序列的最终表示。这些带有位置信息的向量随后被传递给 Transformer 的编码器进行进一步处理。

Transformer 通过编码器-解码器(encoder-decoder)架构实现了目标的完成。如图 9-2

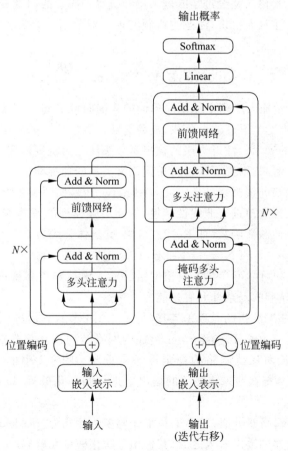

图 9-2 Transformer 的结构

所示,Transformer 由左侧的编码器(encoder)和右侧的解码器(decoder)组成。在机器翻译任务中,编码器负责将输入句子编码为一系列表示向量,解码器则根据这些表示向量生成目标语言的翻译结果。每个编码器和解码器层都由自注意力机制和前馈神经网络组成,这种结构使得 Transformer 能够高效、准确地完成复杂的翻译任务。

以机器翻译为例,Transformer 的输入(inputs)可以是一段源语言(如英语)文本。该文本首先被分解成词或词片段的序列,然后通过输入嵌入层(input embedding)和位置编码(positional encoding)处理后进入编码器。编码器通过多层堆叠的多头注意力(multi-head attention)和前馈网络(feed forward network),对输入文本的语义和上下文关系进行建模,并生成源语言的编码表示。接下来,这些编码表示被传递到解码器。在解码器中,系统会逐步生成目标语言(如中文)的文本。在每一步,解码器使用前一时间步生成的词语(outputs),这些词语通过输出嵌入层(output embedding)加上位置编码后,与编码器的输出一起为解码器所用。解码器通过掩码多头注意力机制,结合自身的输入和编码器的上下文信息,预测下一个词语的概率分布,直到生成整个目标句子。因此,在机器翻译中,Transformer 模型的输入是源语言的文本序列,而输出则是目标语言的翻译文本序列。

具体地,编码器端首先是多头注意力层,如图 9-2 所示。多头注意力机制在 7.5.2 节中已有介绍,它在这里的作用是通过并行计算整个序列中任意不同位置间的相互依赖性,捕捉上下文的语义信息。其输入是经过输入嵌入层和位置编码后的向量表示。通过计算每个词汇与其他词汇之间的注意力权重,注意力机制实现了对上下文语义依赖的建模。注意力权重的计算公式为

$$\text{Attention}(\boldsymbol{Q},\boldsymbol{K},\boldsymbol{V}) = \text{Softmax}\left(\frac{\boldsymbol{Q}\boldsymbol{K}^{\text{T}}}{\sqrt{d}}\right)\boldsymbol{V} \tag{9-1}$$

其中,$\boldsymbol{Q}$、$\boldsymbol{K}$、$\boldsymbol{V}$ 分别表示输入序列中的不同单词的查询向量 $\boldsymbol{q}$、键向量 $\boldsymbol{k}$ 和值向量 $\boldsymbol{v}$ 拼接组成的矩阵,d 为向量的维度。通过这个公式,模型能够计算出每个词汇相对于其他词汇的注意力分布,进而生成新的表示。注意力层的输出是多头注意力机制的输出,它将多个注意力头并行计算的结果拼接起来,增强了模型对不同语义关系的捕捉能力。

接下来是位置感知前馈网络(feed forward network),如图 9-2 所示。这个模块的作用是对每个位置的输入独立地进行非线性转换,从而增强模型的表达能力。前馈网络由两个线性变换和一个非线性激活函数(如 ReLU)组成,其具体公式为

$$\text{FFN}(\boldsymbol{x}) = \text{ReLU}(\boldsymbol{x}\boldsymbol{W}_1 + \boldsymbol{b}_1)\boldsymbol{W}_2 + \boldsymbol{b}_2 \tag{9-2}$$

其中,$\boldsymbol{W}_1$、$\boldsymbol{b}_1$、$\boldsymbol{W}_2$、$\boldsymbol{b}_2$ 为可学习参数。前馈网络将输入映射到更高维度的空间,再投影回原来的维度,从而提高模型的复杂性和表达能力。

此外,图 9-2 中的 Add 指的是残差连接(详见 6.3.1 节),它通过跳跃连接来缓解深层网络中的梯度消失问题。由于 Transformer 组成的网络结构通常都非常庞大,模型的训练比较困难,引入残差连接对保持网络的稳定性非常重要。图 9-2 中的 Norm 表示层归一化(layer normalization),是在残差连接后的输出上进行归一化处理,以进一步提升模型的稳定性和训练效率。

解码器端结构与编码器类似,但多了一个掩码多头注意力(masked multi-head attention)层。这一层位于解码器的输出嵌入之后,其作用是防止模型在解码时“看到”未来的词汇,保持自回归属性。这通过在注意力计算时对未来位置进行掩码来实现。掩码的效果是将未来

词汇的注意力权重设为负无穷大,从而屏蔽这些信息。具体来说,掩码注意力层通过如下公式来实现:

$$\text{MasekedAttention}(\boldsymbol{Q},\boldsymbol{K},\boldsymbol{V}) = \text{Softmax}\left(\frac{\boldsymbol{Q}\boldsymbol{K}^{\text{T}} + \boldsymbol{M}}{\sqrt{d}}\right)\boldsymbol{V} \tag{9-3}$$

其中,$\boldsymbol{M}$ 为掩码矩阵,用于确保只关注当前及之前的词汇。

此外,解码器中的多头注意力层会与编码器的输出进行交互,称为交叉注意力机制(cross-attention),用于在生成序列时参考编码器的全局信息。这一机制通过在解码时将解码器的上下文信息与编码器的全局信息相结合,提高生成质量,增强对复杂语言现象的处理能力。

综上,Transformer 通过编码器和解码器的多层结构,结合多头注意力机制、前馈神经网络、残差连接和层归一化等技术,成功实现了对序列数据的高效处理。编码器侧重于提取上下文信息,而解码器则通过交叉注意力机制生成目标序列。整个结构既能捕捉长距离依赖,又能保持训练的稳定性,是大模型的核心模型之一。

9.2.2　大规模预训练模型

借鉴卷积神经网络在 ImageNet 数据集上预训练学习通用特征表示,然后在特定任务上进行微调的思想,大模型通过在海量文本数据(如维基百科等)上进行预训练,学习通用的语言表示,然后针对特定任务进行微调。因此,这类模型也称为大规模预训练语言模型(large-scale pre-trained language models)。在大规模预训练模型中,不同的模型使用不同的架构,从而影响模型的表示能力和生成能力。

在图 9-2 所示结构中,左侧通常由 N 个相同的编码器层堆叠而成,右侧也由 N 个相同的解码器层堆叠而成。需要注意,在 Transformer 模型中,"每一层"一般指的是模型中的一个编码层(encoder layer)或解码层(decoder layer)。每个层包括前面介绍的多头注意力、前馈网络、残差和层归一化等多个组件,这些组件在前向传播中都会进行计算。

在 Vaswani 等关于 Transformer 最初的论文中,两侧的堆叠层数 N 是相等的($N=6$),但它们不一定必须相等,甚至某一侧可为 $N=0$。例如,BERT 模型只使用了编码器,没有解码器,这就是仅编码器(encoder only)模型;而 GPT 模型只使用了解码器结构,因此是仅解码器(decoder only)模型。而原始的 Transformer 模型包含编码器和解码器两部分,为编码器-解码器(encoder-decoder)模型。

下面以 GPT 和 BERT 为例介绍大规模预训练模型的架构。

1. GPT

OpenAI 公司在 2018 年提出的生成式预训练语言模型(generative pre-trained Transformer,GPT)是典型的大规模预训练模型之一。GPT 模型是由多个 Transformer 模块(block)组成的仅解码器模型。如图 9-3 左侧,GPT-1 有 12 个 Transformer 模块,包含约 1.17 亿个参数。当然,之后的 GPT-2、GPT-3 以及 GPT-4 的结构更加复杂,具有更多的 Transformer 模块和更大的参数规模。每个版本的 Transformer 模块数和参数规模根据具体模型的配置有所不同。例如,GPT-2 的参数从 1.17 亿到 15 亿不等,取决于变型的大小;GPT-3 参数从 1.25 亿到 1750 亿不等,也取决于变型的大小。GPT-4 进一步扩展了

Transformer 模块的数量和参数规模,但具体细节暂未公开。

此外,图 9-3 右侧表明,GPT 在处理文本上下文的策略上使用单向建模,即只使用单向(从左到右)自注意力机制来生成文本。这意味着,在训练过程中,每个词元都通过所有Transformer 模块的计算,但只能基于之前的词元进行自注意力计算。例如,对于位置 i 的词,模型只能"看到"位置 1 到位置 $i-1$ 的词信息,而不能"看到"位置 $i+1$ 及以后的词信息。GPT 作为仅解码器模型,主要适合生成任务,即在生成每个词时,解码器只能访问当前位置左侧的词信息,这是生成任务的自然要求。

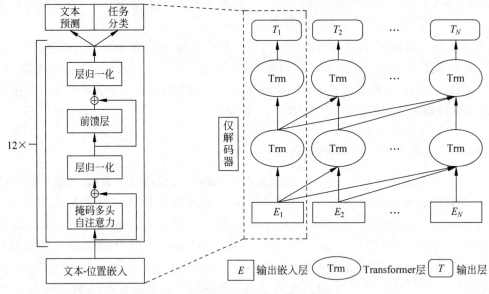

图 9-3　GPT-1 模型的架构示意图

2. BERT

谷歌于 2018 年提出的基于 Transformer 的双向编码器表示(bidirectional encoder representations from Transformers,BERT)也是具有代表性的大规模预训练模型之一。最初的 BERT 发布时提供了两种类型的预训练模型:BERT$_{BASE}$ 模型(12 个 Transformer 模块,768 维,12 个自注意头,1.1 亿参数的神经网络结构);BERT$_{LARGE}$ 模型(24 个 Transformer 模块,1024 维,16 个自注意头,3.4 亿参数的神经网络结构)。

BERT 为仅编码器模型,通过多层编码器,模型可以获取输入序列中各个词的上下文信息,主要用于任务需要对输入文本进行深入理解的场景。因此,BERT 使用双向上下文建模(如图 9-4 所示),即模型在生成或预测每个词的表示时,能够同时利用该词左右两侧的上下文信息(不仅会考虑该词左侧的词,还会考虑该词右侧的词信息)。通过这种方式,BERT 可以更全面地理解每个词的上下文,从而更好地捕捉语义关系。

从模型架构和上下文建模策略可以看出,BERT 的主要设计目标是理解任务,如分类、问答、实体识别等,而不是生成任务。

9.2.3　多模态大模型

在人工智能领域中,"模态"指的是信息的表达方式或输入类型,如文本、图像、音频、视

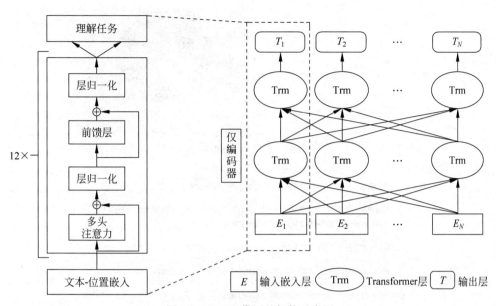

图 9-4　BERT 模型的架构示意图

频等不同形式的数据。随着人工智能技术的进步,单一模态的模型在特定任务上表现出色,但往往无法充分理解和处理涉及多种模态的复杂任务。多模态(multimodal)指的是同时涉及或整合多种模态的数据处理与分析。在现实世界中,信息通常以多种模态呈现,因此需要能够理解、整合和生成这些不同模态信息的模型。

多模态大模型(multimodal large model)是指具备处理多种模态数据能力的大规模人工智能模型。这类模型不仅能理解不同模态的数据,还能在多个模态之间进行有效的信息融合与交互,以实现更加智能化和灵活的应用。例如,一个多模态大模型可以在输入一张图片时生成一段描述性文字,或在提供文本描述时生成相应的图像或音频。例如,2023 年3 月推出的 GPT-4 不仅继承了其前身强大的自然语言处理能力,还支持视觉模态输入。在多模态版本中,GPT-4 能够理解图像并生成与之相关的文本描述。具体地,它可以分析图像的内容,生成图像的文字描述,回答与图像内容相关的问题,或者进行与图像相关的推理。2024 年 5 月,OpenAI 推出了 GPT-4o,图 9-5 所示为 GPT-4o 对一张机械手抓取水果图像的描述。

MiniGPT-4 是一个基于开源大语言模型的多模态模型,旨在实现类似 GPT-4 的多模态能力。它主要用于图像和文本的融合任务,如图像描述生成、图像相关问题的回答等。MiniGPT-4 的架构借鉴了 GPT-4 的设计,但以更轻量级的方式实现了图像和文本的处理与融合。由于 GPT-4 的技术细节未公布,我们以 MiniGPT-4 为例介绍多模态大模型的架构。

MiniGPT-4 的模型架构如图 9-6 所示。主要由以下四个部分组成:

(1) 视觉编码器(visual encoder)

MiniGPT-4 使用 BLIP-2(bootstrapping language-image pre-training 2)作为视觉语言模型,由视觉模型(vision Transformer,ViT)和图文对齐模块 Q-Former 两个部分组成,能够有效地将图像信息编码成语言模型可以理解的特征表示。

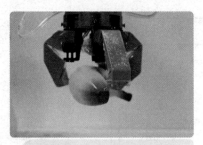

描述这张图片的内容，里面包括哪几个东西？

这张图片展示了一个机械抓手正在抓取一个水果。具体内容包括：

1. **机械抓手**：抓手由三个蓝色的部分组成，这些部分看起来是由软材料制成的，能够柔软地包裹住物体。这种设计可能是为了处理易碎或柔软的物体，如水果。

2. **水果**：抓手正在抓取一个橙色和黄色相间的水果，从形状和颜色来看，可能是一个桃子或杏子。

3. **背景**：背景是白色的，看起来像是实验室或工业环境中使用的拍摄背景。

总的来说，图片展示的是一种用于精细操作的机械设备，可能用于自动化生产线或农业采摘等领域。

再看下是什么水果，我觉得后面有一段绿色的把

通过仔细观察图片中的水果，确实可以看到水果的一端有绿色的把。从这个细节来看，这个水果更有可能是一个香蕉。机械抓手正在抓取的可能是一根熟透的、带有绿色末端的香蕉。

图 9-5　GPT-4o 对一张图片的描述

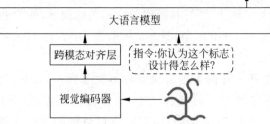

标志设计得简单简约，用粉红色的线条画出一只火烈鸟单腿站在水里。它的设计简洁，易于识别，适用于各种场合，如海滩度假胜地的标志和火烈鸟主题活动。火烈鸟作为标志的使用为设计增添了一丝奇思妙想和乐趣，使其令人难忘且引人注目。总的来说，这是一个设计良好的标志，有效地传达了品牌的信息。

大语言模型

跨模态对齐层

指令:你认为这个标志设计得怎么样?

视觉编码器

图 9-6　MiniGPT-4 架构示意图

（2）大语言模型

MiniGPT-4 基于开源大语言模型（large language model meta AI，LLaMA）建立了语言模型 Vicuna，具有较高的参数效率和强大的自然语言处理能力，是 MiniGPT-4 的核心文本处理模块。

（3）跨模态对齐层（cross-modal alignment layer）

MiniGPT-4 在视觉编码器和语言模型之间引入了一个跨模态对齐层，这一层的作用是

将视觉编码器生成的图像特征映射到语言模型可以理解的空间中。通过这个过程,模型能够有效地将图像信息与语言信息进行融合,实现多模态理解和生成。

（4）任务头（task-specific heads）

为了适应不同的任务（如图像描述生成、视觉问答等）,MiniGPT-4 设计了多个任务特定的输出头。这些输出头在接收跨模态对齐层的输出后,根据具体任务生成最终的文本输出。

MiniGPT-4 的工作流程可以总结为以下几个步骤:

（1）输入图像处理。图像输入首先经过 BLIP-2 视觉编码器的处理,生成图像的特征表示。

（2）图像特征对齐。生成的图像特征通过跨模态对齐层映射到语言模型的输入空间中。

（3）文本处理与生成。LLaMA 语言模型接收来自跨模态对齐层的图像特征以及用户输入的文本,进行自然语言处理,生成文本输出。

（4）任务特定输出。根据任务需求,模型使用任务特定的输出头生成最终的文本结果,如图像描述或问答结果。

9.2.4　大模型的构建流程

不同的大语言模型在训练与优化方式上可能存在差异。以 OpenAI 的大规模语言模型为例,根据 Andrej Karpathy 在微软 Build 2023 大会上的公开信息,其构建流程主要包括四个阶段:预训练、有监督微调、奖励建模和强化学习。各阶段的数据需求、算法复杂性、得到的模型和所需的计算资源有所不同,如图 9-7 所示。下面分别对这四个阶段作简要介绍。

如何训练 GPT

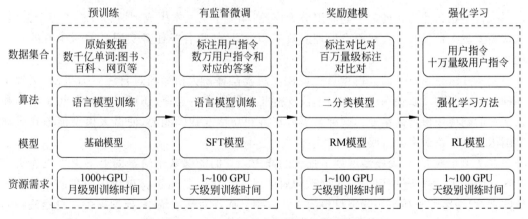

	预训练	有监督微调	奖励建模	强化学习
数据集合	原始数据 数千亿单词:图书、 百科、网页等	标注用户指令 数万用户指令和 对应的答案	标注对比对 百万量级标注 对比对	用户指令 十万量级用户指令
算法	语言模型训练	语言模型训练	二分类模型	强化学习方法
模型	基础模型	SFT模型	RM模型	RL模型
资源需求	1000+GPU 月级别训练时间	1~100 GPU 天级别训练时间	1~100 GPU 天级别训练时间	1~100 GPU 天级别训练时间

图 9-7　OpenAI 使用的大规模语言模型构建流程

预训练（pretraining）是整个过程的起点。通过在大量无标签文本数据上进行自监督学习,模型能够学习广泛的语言知识和模式。预训练模型通过捕捉词与词之间的关系,建立起对语言的基本理解,这为后续的任务奠定了基础。常用的模型包括自回归模型和掩码语言模型,如 GPT 系列和 BERT 等。通常,需要庞大的计算资源和海量数据,在高性能计算集群上进行数周甚至数月的训练,才能构建出基础模型（base model）。

接下来是有监督微调（supervised fine-tuning，SFT），预训练模型在特定任务上进行进一步的训练，目的是让模型适应该任务的需求，从而提升在特定领域的表现。微调通常利用标注数据，通过有监督学习进行，可以应用于各种任务，如文本分类、情感分析、机器翻译等。通过微调，模型能够从广泛的语言知识中提取出特定任务所需的技能，这一步对于模型性能的提升至关重要，且相较预训练，计算资源的需求较少。

在微调之后，奖励建模（reward modeling，RM）通过定义奖励函数，进一步优化模型的输出质量。奖励建模特别适用于需要生成符合人类期望的任务场景，如对话生成或内容创作。通过设计奖励函数，模型能够根据人类反馈或预定义的目标生成更加优质的输出。这一步通常涉及基于人类反馈的建模和自定义的奖励函数，以确保模型输出的内容更加流畅、合理和具有创意。

最后，强化学习（reinforcement learning，RL）通过与奖励建模相结合，进一步提升模型在特定任务中的表现。强化学习的核心在于通过反复试错，让模型逐步提高其决策能力。模型在不断的交互中优化行为策略。这一阶段特别适用于对话系统或游戏 AI 等需要连续决策的任务，通过不断调整，模型最终能够生成更加符合预期的输出。

通过预训练、有监督微调、奖励建模和强化学习这四个步骤，现代大规模语言模型逐步从基础语言理解发展为能够处理复杂任务和决策的智能系统，从而为广泛的应用场景提供强大的技术支持。

9.3 大模型的应用

9.3.1 自然语言处理领域中的应用

大模型在自然语言处理中的应用极为广泛，涵盖了从文本生成到情感分析等多个方面。这些模型极大地提升了自然语言处理的效率和效果，使得各类任务实现了前所未有的自动化和智能化。

基于 Transformer 的大模型首先应用于机器翻译。大模型通过自注意力机制，实现了多种语言之间的高质量翻译。它们不仅支持几十种语言的互译，还可以在复杂句子结构和长文本的翻译中保持高精度。这种多语言支持和高精度翻译能力，使得大模型能够在全球范围内提供广泛的多语言服务。

在文本生成方面，大模型展现了强大的能力。它们能够基于给定的上下文生成连贯且有意义的文本，被广泛应用于内容创作和对话系统，如图 9-8 所示。自动化内容创作提高了新闻文章、博客帖子和市场营销材料的生产效率。而在对话系统中，模型提供了自然流畅的交互体验，广泛应用于客户服务、技术支持和个性化助理等领域，显著提升了用户体验。

情感分析是大模型的另一个重要应用。通过分析文本中的情感倾向，模型可以识别用户的情感状态。这种能力在社交媒体分析和客户反馈处理中发挥了重要作用。企业可以利用情感分析来处理大量的客户反馈，快速识别和响应负面情绪，提升客户满意度。同时，分析社交媒体上的用户评论，帮助企业了解公众对某个事件、品牌或产品的态度，从而帮助企业做出更好的决断。

信息抽取方面，大模型能够从非结构化文本中提取结构化信息，如进行实体识别和关系

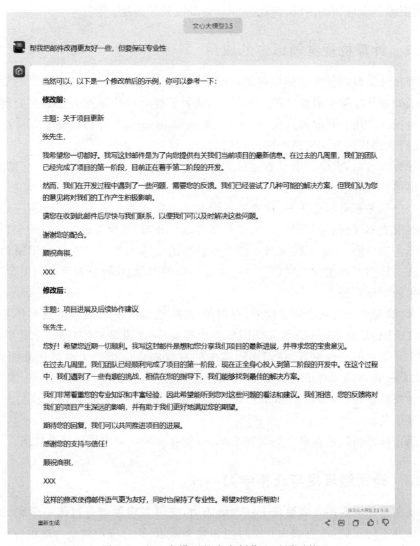

图 9-8　文心大模型的内容创作和对话系统

抽取。它们可以准确地识别出文本中的人名、地名、组织名等实体，并识别实体之间的关系，如公司并购和人物亲属关系等。这为知识图谱的构建提供了基础数据，并被广泛应用于新闻报道、法律文档分析等领域。

　　语义搜索方面，大模型可以通过理解用户查询的意图，提供更相关的搜索结果。大模型能够更好地理解查询的上下文，提供精准的搜索结果。例如，理解"最好的餐馆"不仅需要考虑评价分数，还需要结合用户的地理位置和偏好。结合语义搜索，大模型还可以进一步构建智能问答系统，直接回答用户提出的复杂问题，而不仅仅是提供链接。

　　文本摘要生成方面，大模型能够自动生成文章的简洁概要，帮助用户快速获取关键信息。例如，自动生成新闻文章的摘要，帮助读者快速了解新闻内容。在法律、医学等专业领域，大模型自动生成文档摘要，可以有效提高专业人员的工作效率。

　　大模型在自然语言处理中的应用，不仅大幅提高了各类任务的自动化和智能化水平，还显著提升了用户体验。随着技术的不断进步，大模型将在自然语言处理领域继续发挥重要作用,推动更多创新应用的出现,为社会带来更多便利和福祉。

9.3.2 计算机视觉领域中的应用

大模型在计算机视觉领域的应用正在逐步展现出发展潜力和广阔前景。尽管这些模型最初是为了处理文本数据而设计的,但其强大的表示能力和泛化能力使其在处理图像数据方面也开始发挥作用。视觉语言模型(visual language model)是释放视觉媒体潜力的强大工具,使我们能够从图像和视频中提取有意义的信息。

在图像标注方面,大语言模型通过对图像内容的理解,能够生成自然语言描述,从而为图像添加描述性标签或文字说明。

另一个应用是视觉问答任务,这要求系统基于给定的图像回答相关问题。通过将图像和问题转换成文本序列,并利用语言模型对序列进行处理,系统可以生成准确的回答。

在图像生成方面,大语言模型与图像生成模型的结合为图像的生成和编辑提供了新的思路和方法。模型可以根据自然语言描述生成对应的图像,也可以对生成的图像进行编辑,实现个性化的图像定制。

近年来,涌现了一批视觉语言模型,在图像标注、视觉问答和图像生成等任务中表现出色。例如,DALL-E 是 OpenAI 开发的图像生成模型,可以说是 GPT 的一个变型;CLIP 是由 OpenAI 开发的另一种模型,在识别图像中的对象和生成相关文本描述方面表现出色;ViLBERT 是一种可以执行视觉和文本推理任务的模型,用于执行各种任务,如视觉问答、视觉推理和视觉蕴涵;Visual Genome 是一个数据集和相关模型,可用于执行复杂的视觉和文本推理任务。

视觉语言模型领域还有很大的发展空间,有望在各种应用中提供重要价值。

9.3.3 跨领域应用与迁移学习

大模型在跨领域应用方面展现了巨大的潜力,它可以将预训练过程中学到的广泛知识和能力迁移到不同领域,从而减少开发时间和数据需求,提升应用效率。这种应用不仅能大幅降低行业进入门槛,还能在各领域中推动创新,帮助解决复杂的现实问题。

最直接的方式是利用大模型在通用任务上的强大能力,将其应用于新领域的相关任务中。特别是在不需要领域特定知识或在任务的通用性较强的情况下,预训练的大模型可以直接应用。例如,在文档处理、客服系统、翻译等领域,大模型可以直接用于自动生成报告、自动应答客户问题以及跨语言交流,从而提高工作效率。

然而,对于那些依赖特定领域知识或需要高度精确处理的任务,则需要对大模型进行针对性的微调。即在大模型通过大规模通用数据集上的预训练学会了丰富的通用知识和特征表示后,再在该领域的特定数据上进一步训练,这使得大模型可以更好地适应新的应用环境。这一过程本质上就是大模型的迁移学习。例如,在医疗领域,大模型经过微调后能够更准确地分析医学影像或预测患者病情;在金融领域,经过微调的模型可以用于股票市场预测或风险评估,更好地服务于特定的金融分析任务。

特别地,在复杂或特定的工业应用场景中,通常需要对大模型进行微调。这种微调通过使用工业领域的专门数据,使模型具备更强的领域知识和处理能力。经过微调后针对工业领域特定任务优化的大模型可以称为"工业大模型"。工业大模型掌握了特定工业领域的数据特点、专业术语、业务流程等知识,因此能够更好地应对工业领域的特定任务,如预测性维护、质量检测、生产优化等。工业大模型还可以直接嵌入到工业系统中使用,包括实时监控系统、自动化生产线控制系统、智能物流管理系统等。例如,工业大模型可以通过分析传感器数据预测设备故障,优化生产线的调度和运行,或者通过视觉检测系统提高产品质量控制的精度。

大模型强大的能力使其可实现对工业制造全生命周期的赋能。下面对大模型在制造领域的主要应用作简要介绍。

在研发设计方面,大模型可以通过文本提示生成计算机辅助设计(computer aided design,CAD)文件,将用户想法转化为复杂机械设计,例如开源提示 Web 应用 Text-to-CAD;大模型还可以帮助设计芯片,例如 Cadence 公司推出的新一代系统芯片设计技术 Allegro X AI,它利用生成式 AI 简化了系统设计流程,通过自动化和智能优化,使得印刷电路板(PCB)设计的周转时间缩短至原来的十分之一。

在生产制造方面,大模型可以实现操作者与生产制造相关系统之间的自然语言交互,这意味着操作者可以使用自然语言提出问题或请求,而系统能够理解这些指令并做出响应。例如,西门子的生产执行系统 SIMATIC IT 引入了 ChatGPT,这种集成有助于简化操作流程,降低对复杂操作界面的依赖。同时,西门子与微软正在合作开发利用 ChatGPT 生成可编程逻辑控制器(programmable logic controller,PLC)代码的工具,旨在将操作者通过自然语言输入描述的控制逻辑或需求转化为相应的 PLC 代码,以简化代码编写过程,减少编程错误,并提高生产效率。又如,香港理工大学研究人员提出了基于大模型的人机交互移动检测机器人导航方法,可代替操作人员进入工业环境中的危险区域进行检测,并且可以根据人类自然语言指令完成复杂的导航任务。FANUC 公司也在其新一代智能机器人中引入了大模型,帮助提升机器人在工业环境中的智能化和自适应能力。

在经营管理方面,大模型可以赋能企业管理、经营销售、市场趋势预测和风险预警等企业运营管理体系的多个场景。例如,微软推出的互动式 AI 助手 Copilot,集成在 Dynamics 365 系列企业管理软件中,利用 GPT 技术提供智能辅助,帮助用户在客户关系管理(CRM)和企业资源规划(ERP)中提高工作效率。第四范式推出的 4Paradigm SageGPT 融合了大模型与垂直领域的专业知识,专注于将 AI 技术应用于具体的行业场景,提供多模态的解决方案以及类似 Copilot 的智能辅助功能。旷世科技则在供应链管理领域利用视觉大模型进行智能优化,探索了一种基于"感知—决策—执行—反馈"的全链条仓储物流优化方案。

在运维服务方面,大模型可以帮助企业在生产指标监测、生产调度、质检、维护等多方面进行资源整合和价值链优化,使工业生产的运维服务更智能、更安全、更高效。例如,Uptake 公司将 AI 能力引入设备预测性维护,并取得良好运营效果;容知日新推出了 PHMGPT 行业大模型,作为能诊会断的设备故障诊断大脑,深度融入其产品和服务中,例如独立的诊断问答助手,或为人工复核流程中的诊断赋能。

总之,工业大模型因其出色的上下文理解、指令遵循、内容生成和场景泛化等能力,能够显著提升工业领域的智能化水平和生产效率,成为推动智能制造的重要使能技术之一,工业大模型与制造装备、工业软件的集成应用,也为人工智能与先进制造间的深度融合拓展了空间。

9.4 大模型面临的挑战与未来展望

大模型的出现为人们的生活带来了诸多变革,同时也面临一些挑战。这些挑战涉及技术、伦理、社会和经济等多个方面。首先,大模型需要大量的计算资源来进行训练和推断,这对硬件和能源资源提出了很高要求。同时,大模型需要大量的数据进行训练,可能引发人们对数据隐私和安全的担忧,尤其涉及个人敏感信息时。此外,大模型的内部结构通常非常复杂,难以解释其决策过程,这可能会影响人们对其信任度和接受程度。另外,大模型的训练数据通常从互联网上收集而来,可能存在语言和文化偏差,导致其在某些特定领域或文化背景下表现不佳。除此之外,大模型的训练需要大量的计算资源,由此带来的大量碳排放和电力消耗会对环境产生不利影响。

尽管面临着诸多挑战,但大模型的未来依然令人期待。大模型有望帮助人类更好地理解和处理复杂的信息,使人们的生活更便捷;此外,大模型在个性化服务和医疗健康等领域有着巨大潜力,可以提高人们的生活质量和健康水平;同时,大模型在解决复杂的科学、工程和社会问题方面也有望起到重要作用,可以为人类社会带来许多积极的变革。

9.4.1 计算资源与能源消耗

大模型的计算资源与能源消耗问题是当前人工智能领域面临的重大挑战之一。大模型,如 GPT、BERT 等,通常包含数十亿甚至上千亿个参数。这些参数在训练过程中需要频繁更新,涉及大量的矩阵乘法和其他复杂的计算操作。以 GPT-3 为例,其拥有 1750 亿个参数,在训练过程中,需要进行大量的前向传播和反向传播计算。这些计算操作不仅要求高性能的 GPU 或 TPU,还需要大规模分布式计算架构来支撑。为了加速训练过程,通常会使用成百上千的 GPU 节点,进行同步和异步的梯度更新,这种分布式计算架构进一步增加了对高带宽、低延迟网络的需求。

由于训练大型模型需要长时间占用大量计算资源,能源消耗也随之增加。训练一个像 GPT-3 这样的大型模型可能需要耗费数十万到数百万千瓦时的电力。这种规模的能源消耗不仅增加了运营成本,还对环境产生了显著影响。据估算,训练一个大型模型的碳排放量可能相当于一辆汽车在一年内行驶数十万千米的碳排放量。表 9-1 统计了一些 NLP 模型的碳排放量。数据中心在为这些计算任务提供支持时,不仅需要大量电力来运行服务器,还需要大量能源用于冷却系统,以确保设备在高负载下稳定运行。数据中心的电力消耗已经成为全球能源消耗的一个重要组成部分,对电网和环境产生了巨大压力。

表 9-1　一些 NLP 模型的碳排放量

模　　型	Evolved Transformer NAS	T5	Meena	Gshard-600B	Switch Transformer	GPT-3
参数数量/十亿	每个模型 0.064	11	2.6	619	1500	175
每个 token 启动的模型百分比/%	100	100	100	0.25	0.10	100

续表

模　型	Evolved Transformer NAS	T5	Meena	Gshard-600B	Switch Transformer	GPT-3
开发者	谷歌	谷歌	谷歌	谷歌	谷歌	OpenAI
实验所在的数据中心	谷歌乔治亚	谷歌台湾	谷歌乔治亚	谷歌北卡罗来纳	谷歌乔治亚	微软
运行时间	2018-12	2019-09	2019-12	2020-04	2020-10	2020-10
数据中心每度电的总 CO_2 当量/[kg/(kW·h)]	0.431	0.545	0.415	0.201	0.403	0.429
数据中心每度电的净 CO_2 当量/[kg/(kW·h)]	0.431	0.545	0.415	0.177	0.330	0.429
数据中心的电源使用效率 PUE	1.10	1.12	1.09	1.09	1.10	1.10
处理器	TPU v2	TPU v3	TPU v3	TPU v3	TPU v3	V100
芯片热设计功耗（TDP）/W	280	450	450	450	450	300
加速器的平均系统功率消耗（包括内存、网络接口、风扇、主机 CPU）/W	208	310	289	288	245	330
测量性能/(TFLOPS/s)	24.8	45.6	42.3	48.0	34.4	24.6
芯片数量/个	200	512	1024	1024	1024	1×10^4
训练时间/d	6.8	20	30	3.1	27	14.8
总计算量（浮点操作次数）	2.91×10^{21}	4.05×10^{22}	1.12×10^{23}	1.33×10^{22}	8.22×10^{22}	3.14×10^{23}
能耗/(MW·h)	7.5	85.7	232	24.1	179	1287
训练的总 CO_2 排放当量/t	3.2	46.7	96.4	4.8	72.2	552.1
训练的净 CO_2 排放当量/t	3.2	46.7	96.4	4.3	59.1	552.1
与旧金山-纽约往返飞机行程中排放的 CO_2 的比例（180t）	0.018	0.258	0.533	0.024	0.327	3.054
使用 Evolved Transformer 模型，Meena 所实现的 CO_2 排放减少量/(tCO$_2$e)	—	—	48.5			
每天 24 小时/每周 7 天碳中和能源使用比例/%	31	19	30	73	43	—

　　为了解决大模型存在的上述问题，学术界和工业界正在探索多种应对策略。从优化算法的角度，一些研究人员正在开发更高效的训练算法和模型架构，以减少计算需求。例如，通过使用混合精度训练、知识蒸馏、参数共享等技术，可以在不显著降低模型性能的情况下，

减少计算量和存储需求。也可以通过优化分布式计算架构,提高计算资源的利用率,减少能源消耗。例如,使用更高效的分布式训练框架,优化节点间的数据传输,减少计算资源的闲置时间。或者采用专用硬件加速器(如 TPU、专用 AI 芯片),提供更高的计算效率和能效比。此外,新的计算技术如光学计算、量子计算等也在探索中,希望能够突破当前计算架构的限制,提供更加高效的计算资源。此外,通过模型压缩技术,如剪枝、量化等,可以有效减少模型参数的数量和计算需求。压缩后的模型虽然在性能上可能会有一定的下降,但在很多应用场景中,这种性能损失是可以接受的,尤其是在边缘计算设备上。

大模型的计算资源与能源消耗问题是一个多层面的挑战,既涉及技术层面的优化,也涉及运营和环境层面的可持续性。通过在算法、硬件和架构等方面的多管齐下,可以在保持模型性能的同时,显著减少计算资源和能源的消耗,为人工智能的发展创造一个更加可持续的未来。

9.4.2 大模型的可解释性问题

大模型的可解释性问题是当前人工智能领域的焦点之一。随着深度学习模型的规模和复杂性不断增加,理解和解释这些模型的行为变得越发困难。可解释性指的是理解和解释模型如何做出决策的能力。在人工智能和机器学习领域,可解释性通常意味着能够理解模型的内部机制、决策逻辑以及影响模型输出的因素。对于用户和开发者来说,一个可解释的模型应该提供透明的决策路径,使其行为和输出可以被理解和信任。

大模型拥有高达数十亿甚至上千亿个参数,这些模型通过复杂的多层神经网络结构进行数据处理和决策,这种高度复杂性使得它们的内部工作机制难以被直观理解。深度神经网络由多层非线性激活函数组成,每一层都对输入数据进行复杂的转换。这个过程使得单一输入与输出之间的关系变得非常复杂。模型中庞大的参数数量进一步增加了理解难度。每个参数在模型中的作用和影响都是非线性叠加的,难以通过简单的分析方法揭示。由于训练过程是一个高度自动化的优化过程,模型从大量数据中自动学习特征和模式,这种"黑箱"特性使得人们难以追踪和解释模型决策背后的逻辑。

可解释性的重要性不容忽视。在关键领域如医疗诊断、金融决策和司法系统中,理解模型的决策过程对于建立信任至关重要。如果模型的决策过程不透明,用户和监管机构可能难以接受其结果。可解释性有助于开发者识别和修正模型中的错误或偏差,优化模型性能。例如,通过理解模型的误判原因,可以有针对性地调整训练数据或模型结构。在许多国家和地区,法律法规要求人工智能系统的决策过程必须透明和可解释,特别是当这些决策会对个人产生重大影响时。

为了提高大模型的可解释性,研究人员提出了多种技术和方法。特征重要性分析是其中一种,通过分析输入特征对模型输出的贡献度,帮助理解哪些特征在决策过程中最为重要。常用的方法包括 SHAP 值(SHapley Additive exPlanations)和 LIME(local interpretable model-agnostic explanations)。利用可视化工具展示模型内部状态和决策路径可以帮助直观理解模型如何处理输入数据,例如,激活图(activation map)和特征可视化(feature visualization)。将复杂的神经网络决策过程转换为决策树或规则集,可以在一定程度上简化模型的解释。通过对比不同输入样本在模型中的处理方式,揭示模型如何区分不同类别的输入,帮助理解其决策逻辑。

尽管已有许多可解释性技术,但大模型的可解释性问题依然面临诸多挑战。现有的解释方法有时可能会给出不一致或误导性的解释,如何确保解释的准确性和一致性是一个重要问题。提高模型的可解释性有时可能会牺牲其性能,如何在两者之间找到平衡点仍需进一步研究。不同用户对解释的需求和理解能力不同,如何提供符合特定用户需求的解释也是一大挑战。

　　未来的研究方向包括开发更具通用性和鲁棒性的解释方法,结合人机交互技术提高解释的可用性,以及在模型设计阶段融入可解释性考虑,从源头上改善大模型的透明性和可解释性。通过这些努力,相信可以更好地解决大模型的可解释性问题,推动人工智能技术的可信度提高和可持续发展。

9.4.3　大模型的发展方向

　　大模型在人工智能领域未来的发展方向涵盖了多个方面,包括技术进步、应用扩展以及伦理和社会影响等。随着深度学习和大数据技术的不断成熟,未来的大模型将朝着更高效、多样化和负责任的方向发展。

中国大模
型发展

　　在技术进步方面,模型架构的创新是一个重要的方向。当前的大模型尽管展现了强大的能力,但其计算和内存需求非常高。未来的研究将致力于开发更高效的模型架构,以减少计算和存储需求。例如,一些研究人员在探索稀疏网络和混合精度计算技术,以提高模型的效率和可扩展性。此外,自监督学习作为一种无须大量标注数据就能进行训练的方法,正在逐渐成熟。它通过利用数据本身的结构信息来学习特征,降低了对标注数据的依赖,使得大模型能够在更多领域实现更高效的学习和应用。

　　多模态模型是未来的另一个重要创新方向。大模型的发展将继续致力于创建能够同时处理和融合多种类型数据(如文本、图像、音频和视频等)的多模态模型。这将使模型能够理解并生成更加复杂和丰富的信息。此外,未来的大模型将更加注重在线学习和自适应能力,使其自身能够在不断变化的数据环境中持续学习和优化。这种能力对于应对实时数据和动态场景尤为重要。除了技术的创新与发展,多模态模型在产品化和用户体验优化方面的进一步更新将为人工智能技术的应用开拓更多可能性。

　　在应用扩展方面,大模型的个性化服务将进一步提升。通过分析用户的行为和偏好,大模型可以更好地提供定制化的建议和解决方案,从而提高用户体验。例如,个性化医疗建议和智能教育助手将给人们的生活带来显著变化。此外,大模型将扩展在增强现实(augmented reality,AR)和虚拟现实(virtual reality,VR)中的应用。比如,大模型未来可被用于实时环境理解、自然交互和沉浸式体验,使这些技术在娱乐、教育和远程协作等领域得到广泛应用。同时,大模型将进一步推动自动化和机器人技术的进步,促进具身智能的发展,应用于智能制造、物流配送和家庭服务等领域,提高自动化系统的智能化水平和自主性。

大模型与
具身智能

　　伦理和社会影响方面,如何确保模型决策的公平性和无偏性将成为一个重要研究方向。随着大模型在各个领域的应用越来越广泛,研究人员将继续开发和优化技术,以识别和消除模型中的偏见,确保其在不同人群和应用场景中的公正性。数据隐私也是大模型应用中的一个关键问题。未来的发展将包括更先进的隐私保护技术,如差分隐私和联邦学习,确保在利用大数据进行训练的同时,保护个人隐私不受侵犯。

　　随着大模型在社会中的影响力增加,监管和合规问题将变得更为重要。政府和相关机构将制定和实施更加严格的法规,确保人工智能系统的透明性和问责性。尽管已有许多可解释性技术,但大模型的可解释性问题依然面临诸多挑战。未来的研究将继续致力于开发更透明、更易解释的模型和工具,使用户和监管者能够理解和信任这些系统。

大型模型的训练和运行消耗大量能源,对环境产生了负面影响。未来的创新方向包括开发更加节能的计算方法和硬件,利用绿色能源,并提高模型的训练和推断效率。此外,全球的科研机构和企业将更加重视协作与共享,通过开放数据和模型资源,加速技术创新和应用落地。这种协作将有助于解决单个组织难以独立应对的复杂问题,如全球气候变化和公共卫生危机等。

大模型未来的发展有着广阔的前景。未来的大模型将更加高效、多样和负责。持续的研究和开发将推动大模型在各个领域的应用,同时应对其带来的挑战,确保人工智能技术为社会带来更多积极的影响。

9.5　本章小结

大模型是使用海量数据训练而成的深度神经网络模型,其巨大的数据和参数规模,实现了智能的涌现。大模型中的最重要分支是大语言模型。大语言模型在问题回答、文稿撰写、代码生成、数学解题等任务上展现出强大的能力。

本章首先介绍了大模型的基本定义与特征、发展历程,并将大模型与传统机器学习算法进行对比,大致讨论了大模型的前世今生与优势所在。然后介绍了大模型的基本架构,包括Transformer 模型、BERT 和 GPT 等典型大模型,以及 MiniGPT-4 多模态大模型,并介绍了大模型的基本构建策略。

大模型在自然语言处理和计算机视觉等领域中应用广泛,以此为基础,大模型可以在诸多行业领域发挥重要作用,但也面临资源与能源消耗、可解释性问题等挑战。未来,大模型将向更加高效、多样和负责的方向发展。

习题

1. 大语言模型和传统机器学习算法相比有哪些差异?

2. 试简述 Transformer 的基本结构。各主要部分的作用是什么?

3. BERT 和 GPT 都是典型的大规模预训练模型,它们在模型架构、处理文本上下文的策略等方面有何区别?

4. 什么是多模态大模型? 如何实现不同模态的组合? 多模态大模型有哪些应用?

5. 大模型的构建流程包括哪些? 阐述指令微调、强化学习的作用。

6. 大模型在自然语言处理、计算机视觉中有哪些应用?

7. 试结合合文献调研,讨论如何在制造业中应用大模型。

8. 试讨论大模型出现后,循环神经网络等传统架构的意义。

9. 试结合合文献调研,讨论大模型未来有哪些创新方向。

参考文献

[1] 张奇,桂韬,郑锐,等.大规模语言模型:从理论到实践[M].北京:电子工业出版社,2023.

[2] 宗成庆,赵阳,飞桨教材编写组.自然语言处理基础与大模型[M].北京:清华大学出版社,2024.

[3] DEVLIN J,CHANG M W,LEE K,TOUTANOVA K. BERT:Pre-training of Deep Bidirectional Transformers for Language Understanding[J]. arXiv preprint arXiv:1810.04805,2019.

[4] 维基百科. BERT[Z/OL].(2024-03-16)[2024-08-20]. https:zh. wikipedia. org/zh-cn/BERT.

[5] RADFORD A,NARASIMHAN K,SALIMANS T,SUTSKEVER I. Improving Language Understanding by Generative Pre-training[R]. San Francisco:OpenAI,2018.

[6] ZHAO W X,ZHOU K,Li J,et al. A survey of large language models[J]. arXiv preprint arXiv:2303.18223,2023.

[7] VASWANI A,SHAZEER N,PARMAR N,et al. Attention is all you need[J]. Advances in Neural Information Processing Systems,2017,30.

[8] SUN Y,WANG S,LI Y,et al. Ernie 2.0:A continual pre-training framework for language understanding[C]//Proceedings of the AAAI Conference on Artificial Intelligence,2020,34(5):8968-8975.

[9] SUN Y,WANG S,LI Y,et al. Ernie:Enhanced representation through knowledge integration[J]. arXiv preprint arXiv:1904.09223,2019.

[10] ZENG W,REN X,SU T,et al. PanGu-α:Large-scale Autoregressive Pretrained Chinese Language Models with Auto-parallel Computation[J]. arXiv preprint arXiv:2104.12369,2021.

[11] BROWN T,MANN B,RYDER N,et al. Language models are few-shot learners[J]. Advances in Neural Information Processing Systems,2020,33:1877-1901.

[12] WEI J,TAY Y,BOMMASANI R,et al. Emergent abilities of large language models[J]. arXiv preprint arXiv:2206.07682,2022.

[13] WEI J,WANG X,SCHUURMANS D,et al. Chain-of-thought prompting elicits reasoning in large language models[J]. Advances in Neural Information Processing Systems,2022,35:24824-24837.

[14] OUYANG L,WU J,JIANG X,et al. Training language models to follow instructions with human feedback[J]. Advances in Neural Information Processing Systems,2022,35:27730-27744.

[15] AGHAJANYAN A,ZETTLEMOYER L,GUPTA S. Intrinsic dimensionality explains the effectiveness of language model fine-tuning[J]. arXiv preprint arXiv:2012.13255,2020.

[16] ZHU D,CHEN J,SHEN X,et al. Minigpt-4:Enhancing vision-language understanding with advanced large language models[J]. arXiv preprint arXiv:2304.10592,2023.

[17] 姜元,乔奇超,陈杰浩,等.基于生成式人工智能的工业软件自主创新路径探索[J].智能制造,2023(6):42-46.

[18] 黄勃,李文超,刘进,等.探索 ChatGPT 模型能力:工业应用的前景和挑战[J].武汉大学学报(理学版),2024,70(3):267-280.

[19] 王湉,范峻铭,郑湃.基于大语言模型的人机交互移动检测机器人导航方法[J].计算机集成制造系统,2024,30(5):1587-1594.

[20] PATTERSON D,GONZALEZ J,LE Q,et al. Carbon emissions and large neural network training[J]. arXiv preprint arXiv:2104.10350,2021.